田中　修著

植物のいのち

からだを守り、子孫につなぐ驚きのしくみ

中央公論新社刊

はじめに

二〇二〇年、新春から春にかけて、植物たちは、例年と同じように順序よく、季節の訪れを告げていました。スイセン、ウメ、サクラ、タンポポ、ハナミズキ、フジ、バラ、サツキツツジなどが、次々と、美しい花を咲かせました。五月には、多くの樹木が、新緑の葉っぱを輝かせました。

この年、そのような植物たちの姿を横目に、私たち人間は、猛威をふるう新型コロナウイルスと闘っていました。健康な人々が、このウイルスに感染し、ごく短期間でいのちを失うという報に触れ、私たちは、人間のいのちの〝はかなさ〟を感じざるを得ませんでした。

二〇二一年になっても、私たちと、このコロナウイルスとの闘いは続いています。私たちがいのちを守るために、かろうじて講じている「新型コロナウイルス対策」は、国内では、主に次の三つです。

一つ目は、外出の自粛です。二つ目は、マスクの着用です。人と話をすることや、咳(せき)やくしゃみによる飛沫(ひまつ)感染を防ぐためです。三つ目は、密閉、密集、密接という〝三密〟を避けることです。

私たちが自分たちのいのちを守るために行っている、これら三つの方策は、簡単にいえば、「動きまわらない」、「話をしない」、「密を避ける」ということです。よく考えてみると、これらは、植物たちがもともと身につけている、自分のいのちの守り方なのです。

一つ目の「外出の自粛」は、育つ場所から動きまわらないということです。「動きまわらない」という暮らし方は、ウロウロと動きまわることなく生涯を過ごし、いのちをまっとうする植物たちの生き方です。

二つ目の「マスクの着用」は、飛沫を飛ばさないということです。飛沫はくしゃみや咳でも飛びますが、身近で日常的なのは、大きな声で話をすることです。そこで、人の集まる場所や、対面で話をしなければならないときには、マスクを着用することが求められます。これは、「話をしない」という植物たちの姿と重なります。「言葉を発しない」というのは、植物たちの生き方の大きな特徴の一つです。

三つ目の「三密を避ける」とは、植物では、過密な状態を避けて育つことです。私たち人間は、植物たちが〝密〟の状態では育たないということをよく知っています。適度な間隔をあけて、苗や苗木が育つというのは、植物たちのいのちの守り方です。

私たち人間が新型コロナウイルスから自分のいのちを守ろうとしている方策は、植物たちがいのちを守るために身につけていることと一致しているのです。私たちと植物たちとは、同じしくみで生きているのですから、私たちが気づいたいのちの守り方が、植物たちのいのちの守り方と一致していても不思議ではありません。

植物たちは、地球の陸上で、約五億年間、いのちを守って生き抜いています。人類の祖先の誕生がいつかは定かではありませんが、七〇〇万年前、あるいは、現生人類では二〇万年前といわれ、植物に比べれば、その歴史は浅いものです。そのため、植物たちがいのちを守ってきた方法から学ぶことは多くあるはずです。

私たち人間のいのちの〝はかなさ〟と比較して、植物たちのいのちには、〝たくましさ〟が感じられます。「その〝たくましさ〟を支えている〝力〟は、何なのだろうか」との疑問が浮かんできます。

本書では、それらの力を、身近な植物たちの生き方から探りだし、約五億年もの間、陸上で生き抜いてきた植物たちから、たくましく生きる〝極意〟を探っていこうと思います。植物のいのちがどのように守られ、どのように受け継がれているかを考え、植物のいのちのたくましさの秘訣(ひけつ)を探ります。

「植物のいのちは、人間のいのちとは別物であり、そこから何かを学べるようなものではない」と思う人もいるでしょう。しかし、植物たちと私たちのいのちは、深くつながっています。植物のいのちがなくては、私たちのいのちは存在しません。

コメ、ムギ、トウモロコシなどの作物がつくり出す産物が、私たちの食べものを賄って、私たちに、生きるためのエネルギーを供給しています。さらに、野菜や果物などに含まれるいろいろな成分が、私たちの健康を支え、いのちを守ってくれています。

また、植物のいのちがなくては、私たちの生きる自然の環境は成り立ちません。ほかにも、植物のいのちが、私たちの暮らしの素材、心の健康、文化などを支えています。ですから、私たちは、自分のいのちを守るためにも、植物たちのいのちの守り方を学ぶ必要があるはずです。

二〇二一年四月九日

田中　修

目次

第五章　植物のからだと寿命を支える力―――169

第一章　植物の長寿

毎年、敬老の日を前に、全国の一〇〇歳を超えた人の数が、厚生労働省から発表されます。この人数が発表されはじめた一九六三年には、一五三人だったのですが、二〇二〇年九月一五日の発表では、八万四五〇人となりました。

英語には、「センテナリアン（センチナリアン）」という言葉があります。これは、一〇〇年、すなわち、一世紀（センチュリー）を生きた人という意味で、一〇〇歳を超えた人を指す言葉です。

日本語では、「百寿者」という語が当てられます。現在、センテナリアンの人数は、日本で八万人を超え、世界では四五万人を超えています。そのため、近年は、「人生一〇〇年時代」といわれます。

しかし、現在は、ただ寿命の延びが求められるだけではありません。健康上の問題がなく、他の人の手を借りなくても日常の生活をふつうに過ごしていける、〝健康寿命〟の延びが求められます。

植物の場合でも、樹齢の長い天然記念物に指定されているような樹木は、樹木医の世話になることがあります。しかし、大多数の樹木は、人の手を借りずに、自分の力で自分のいのちを守っています。

そこで、ここでは、草花の芽と花のいのちについて紹介します。そのあとに、樹木の寿命について考えましょう。

(一) 草花の芽と花のいのち

芽は、無限の寿命をもっている！

植物の芽は、次々と葉をつくり出し、伸びてきます。芽の中で、葉がつくられる部分は「成長点」とよばれ、生まれたばかりの多くの葉に包み込まれた状態にあります。その成長点をもつ芽は、適切な環境の中では、葉っぱを限りなくつくり出し、芽として伸び続ける能力をもっています。

自然の中では、芽は寒さや暑さに出会うと枯れてしまうので、このような芽の能力を見ることはできません。しかし、人工的な環境をつくって、植物たちを育てれば、この能力を見ることができます。

たとえば、バコパという植物の芽生えから、葉っぱを数枚つけている小さな芽のある短い茎を切り出します。葉っぱのつけ根には、必ず小さな芽があります。葉っぱを切り落としてしまってもいいし、葉っぱは切り落とさず、つけたままにしておいてもいいです。大切なのは、葉っぱのつけ根にある芽を残すことです。

これらの芽をつけた短い茎を、適切な環境で育てます。適切な環境とは、温度や光の強さ、水分や養分など、植物の成長にとって良い条件を人為的にそろえている環境という意味です。すると、切り取った茎から根が出て、芽が伸びはじめます。芽は伸びながら葉っぱを展開します。約一ヵ月すると、それぞれの切り取った茎が、もとの植物と同じくらいの芽生えに成長します。

芽生えが成長すれば、成長した芽生えから、再び、芽をつけた短い茎を切り出し、適切な人為的な環境で育てます。すると、切り取った茎から根が出て、ついていた芽が伸びはじめ、もとのような芽生えに成長します。同じことは、何度でも繰り返すことができます。

この繰り返しがいつまでも続けられるということは、適切な条件であれば、いつまでも芽は育ち、そこからまた、芽がつくられ、その芽もまた芽をつくり出すということです。つまり、芽は、無限の寿命をもっているということです。この繰り返しは、何年間も継続可能です。実際には、私の研究室では数年〜十数年しかやってはいませんが、やろうと思えば、何十年でも、何百年でもできるはずです。

バコパという、多くの人が聞きなれない植物を例にして説明したので、特殊な植物の性質と思われるかもしれません。しかし、この能力は、植物たちに共通のものです。私の研究室で実際に扱っている植物の一つとして紹介しただけです。

その他にも、研究室では、マタタビ、ネナシカズラ、シソ、トレニア、ホウセンカなど、多くの植物をこの方法で育て続けました。ですから、ここで紹介したバコパの実験を、これらの植物に置き換えてもらっても何の差し支えもありません。

芽は、もしツボミに変わらなければ、適切な条件で、限りなく葉っぱをつくり、芽を伸ばし続ける能力をもっているのです。芽は、無限に成長し続けることができるのです。

無限の寿命を捨てて、ツボミをつくる！

花が咲くための最初の過程は、葉をつくり出す成長点でツボミが生まれることです。成長点の中央に「メシベ」、そのまわりに「オシベ」、それを取り囲むように「花びら」、花びらの下を支えるように「がく」がつくられます。このような、花の基本的な構造が、成長点でつくられるのです。

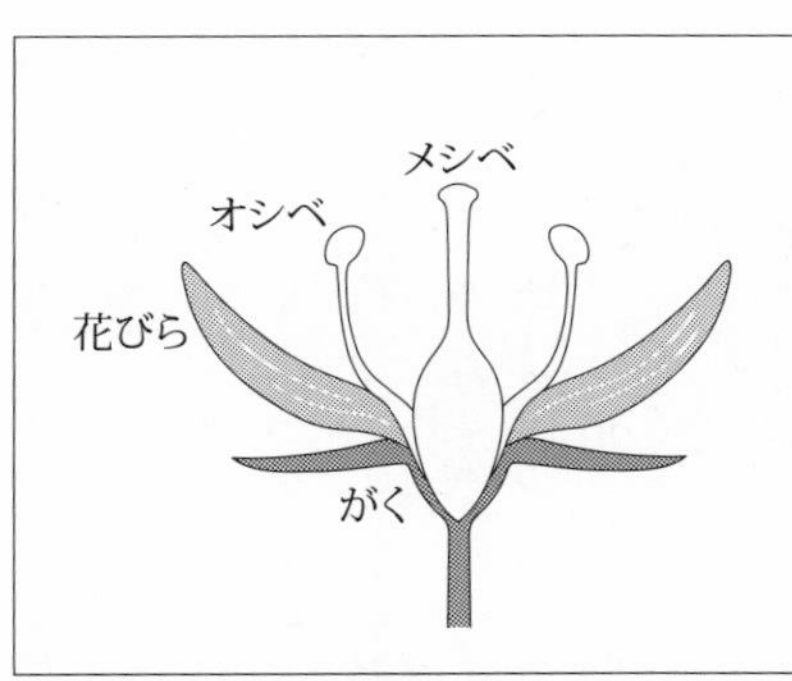

花の基本的な構造

「ツボミは、成長点で生まれる」という表現がよく使われます。しかし、ツボミは、成長点でつくり出されるのではありません。葉っぱは成長点でつくり出されるのですが、ツボミは、成長点でつくり出されるのではなく、成長点そのものが姿を変えたものなのです。

一つの成長点は、葉っぱを次々といつまでもつくり出すことができる能力をもっています。もし芽の中の成長点がツボミに変わらなければ、いつまでも葉っぱをつくることができます。

一方、芽がツボミに変わると、その芽からは、ツルが伸び出したり、葉っぱや芽ができたりすることはありません。芽がツボミに変わるということは、芽の中の成長点がツボミになり、成長点が消失するということだからです。

芽がツボミになると、無限に成長するという性質は消えてしまいます。本来は無限に葉っぱと芽をつくる能力をもつ芽は、成長点がツボミになると、花になって咲いて、タネをつくり、やがて枯死していく運命となります。

つまり、芽にとって、ツボミになるということは、子孫を残すために、葉っぱと芽を限りなくつくり続けていつまでも生きていけるという、無限の可能性を放棄することなのです。花を咲かせるというのは、芽にとっては、無限の寿命を放棄することであり、いのちをかけた行為なのです。

多くの草花は、花を咲かせると、タネをつくって枯死していきます。そのため、「花を咲かせるというのは、芽にとっては、無限の寿命を放棄することであり、いのちがけの行為なのです」という話は、容易に受け入れられます。

その一方で、「樹木は、花を咲かせて結実しても、枯れないではないか」との疑問が生じるかもしれません。ところが、樹木の場合も、個々の芽にとっては同じことです。個々の芽は、花を咲かせなければ、葉っぱをつくり、枝を伸ばして無限に生き続ける能力をもっています。しかし、花を咲かせた芽は、タネを結実するだけで、枝として再び伸びはじめることはありません。

花の寿命を縮めるのは？

多くの人が切り花の寿命を長くしたいと望みます。その期待に応えて、カーネーションでは、「ミラクルルージュ」という品種が開発されました。これは、切り花の寿命が従来のものより三倍も長持ちするようになったカーネーションです。花が三倍も長持ちするので、ミラクル（不思議な）であり、ルージュは「口紅」や「頬紅」を意味し、花の赤色を表しています。

「なぜ、従来のものより三倍も長持ちするのか」という素朴な疑問がもたれます。この疑問を解くためには、まず次のような「カーネーション事件」を知ってください。

ある年、「母の日」のために、栽培地の長野県から東京や大阪に向けて、カーネーションのツボミが、貨車に積み込まれて、出荷されました。しかし、それらのツボミは、開花することもなくしおれてしまったのです。

その原因について、「貨車の中の温度が低かったからか、暑くなりすぎたのか、あるいは、光が当たらなかったからか」などと不思議がられました。調べられると、そのいずれでもなく、このカーネーションは、リンゴの詰まった箱といっしょに貨車で運搬されていたことがわかりました。

「なぜ、リンゴの詰まった箱といっしょに運ばれると、カーネーションのツボミは開花することもなくしおれてしまうのか」との疑問が浮かびます。その答えは、「成熟したリンゴからは、エチレンという気体が放出されるから」ということです。

エチレンは、リンゴやバナナなどの果物を成熟させるはたらきのある気体として有名ですが、カーネーションのツボミをしおれさせてしまうはたらきもあるのです。このエチレンが、同じ貨車に積まれていたリンゴから放出されていたのです。カーネーションのツボミが、そのエチレンを吸ったために、「カーネーション事件」がおこったのでした。

カーネーションのツボミや花は、エチレンに特に敏感です。エチレンが空気中にわずか八万分の一という低い濃度で含まれるだけで、ツボミは開かず、花はしおれることが知られています。

また、開いた花は、自分で発生させたエチレンでもしおれてしまいます。そこで、切り花として市販されるときには、日持ちがするように、発生するエチレンの作用を抑制する「チオ硫酸銀錯塩（りゅうさんぎんさくえん）（ＳＴＳ）」という薬品を吸収させることもあります。

ですから、切り花として長持ちするカーネーションとは、エチレンの発生量が少ないカーネーションです。そのようなカーネーションをつくるために、一九九二年、独立行政法人農研機構花き研究所（現・農研機構野菜花き研究部門）で、品種改良が開始され、「従来品種の三倍長持ちする」といわれる品種「ミラクルルージュ」が生まれたのです。

開花後18日目のミラクルルージュ（中央）。別の品種（左と右）はしおれてしまっている（写真・農研機構）

改良の過程でエチレンの発生量の少ない品種どうしの交配が繰り返されました。その結果、約一三年後、切り花がほとんどエチレンを発生させないカーネーションが生まれたのです。気温二三度、湿度七〇パーセントの条件で、今まで約七日であった花持ちが、約二一日に延びたのです。

この品種は、二〇〇五年、品種登録が出願され、二〇〇八年に登録されています。ほとんど同時に、「ミラクルシンフォニー」という同じ性質の、白色の花に赤い絞りが少し混じる品種もつくられています。

カーネーションだけでなく、ランやアサガオ、ムラサキカタバミなど多くの植物で、からだの中で発生するエチレンが花をしおれさせることが知られています。ただ、すべての植物の花の寿命がエチレンに支配されているわけではありません。

エチレンの影響を受けにくい植物の花でも、寿命を延ばす研究も行われています。二〇一四年七月に発表された、農研機構と鹿児島大学との共同研究を紹介します。

花の寿命は延びるのか？

アサガオの花は、ふつうには、朝早くに開き、昼ころにはしおれてしまいます。二〇一四年七月、英国の科学雑誌『プラント・ジャーナル（The Plant Journal）』に、「アサガオの花が開花している時間が、大幅に延長された」と発表されました。この研究には、日本のアサガオの代表的な品種「ムラサキ（紫）」が用いられました。

この研究では、アサガオの花の短い寿命を決めている遺伝子が見つけられました。この遺伝子は、「はかない」という意味をもつ「エフェメラル」と名づけられました。この遺伝子は、花がしおれるまでの時間を調整しており、これがはたらくと、花がしおれるのです。

そこで、研究者たちは遺伝子組み換えの技術を使って、この遺伝子のはたらきを抑えることにしました。すると、そのアサガオの花が、長い時間しおれなくなったのです。しおれがはじまるまでの時間が約二倍に延びたのです。ふつうなら、アサガオは、朝に咲いて、咲いた日の昼すぎにはしおれるのに、夜を過ぎて次の日の朝まで、元気な開花状態が続いたのです。

この研究に使われた品種「ムラサキ」の花の色は、朝に開いたときには青色ですが、夕方にしおれると赤紫色になります。そこで、「寿命が延びた花の色の変化は、どうなるのか」と気になります。

研究成果が発表されたときの写真では、咲いたばかりの花の色は青色でしたが、翌朝まで開いていた花は赤紫色になっていました。花の寿命は延びても、花の色の変化が遅延されることはなかったのです。

つまり、花の寿命と花の色の変化は、別々に決まっていることになります。そのため、一つの鉢植えで、前の日の朝に咲いて赤紫色になった花と、その日の朝に咲いた真っ青の花が観賞できることになります。

アサガオの花の色が真っ青から赤紫色に変わるのは、花の老化現象と考えられます。ということは、花の寿命は延びても、花の老化は抑えられないのです。私たち人間に当てはめると、今後、平均寿命は延びても、老化現象は抑えられないということになります。

ユリなどの主な切り花の寿命にも、アサガオと同じような遺伝子が関与している可能性が考えられています。そのため、この研究の成果は、ユリやバラ、カーネーションなどの花の寿命を延ばし、日持ちをよくする、新しい技術の開発につながると期待されます。

もう一つ、大阪大学産業科学研究所で行われた、花の寿命を延ばす研究を紹介します。二〇一四年六月に、「低温＋放射線　切り花四倍長持ち」という見出しでメディアで報じられたものです。

これは、切り花の寿命を延ばそうとする試みです。ユリ、バラ、カーネーション、トルコキキョウの切り花に、放射線のガンマ線を当て、当てる線量や時間、当てるときの温度などをいろいろ変えて実験がなされました。

その結果、バラやカーネーションでは、切り花の寿命は、一・二〜一・三倍にしか延びず、あまり効果が見られませんでした。

ところが、トルコキキョウの切り花に〇〜四度の低温下でガンマ線を二四時間当てたあと、八〜一二度で冷蔵保存すると、約四二日間しおれませんでした。ガンマ線を当てなかった切り花の寿命は同じ八〜一二度の冷蔵保存で約一〇日間なので、約四倍に延びたことになります。ユリの切り花の寿命も、約二・四倍に延長されました。

しかし、「なぜ、ガンマ線がこのような効果を生むのか」については、原因が定かではありません。今後は、植物の種類を広げ、実用的に利用できる〝切り花を長持ちさせる技術〟に発展することが期待されます。

(二) 樹木のいのち

世界中に、木は何本あるのか?

子どもたちがいだきそうな素朴な疑問の一つに、「世界中に、木は何本あるのか?」というのがあります。この質問は、多くの人には、あまりに唐突すぎて、突拍子もないものに思えるでしょう。

そして、調べられていないから、答えようもなく、「その質問に答えるのは、無理だろう」と思われるかもしれません。ところが、世界的な科学誌に、世界中の木の本数を推定した研究成果が発表されているのです。

それによると、従来「世界中に存在する木の本数は、約四〇〇〇億本である」とされてきました。その研究が行われた当時の地球の人口は約六六億人であり、一人当たり約六一本の木になるというものでした。これは、衛星画像と森林面積の推定値から出された数値であり、地上での観測に基づく数は含まれていませんでした。

ところが、二〇一五年に、本数を実際に数えた結果を加えて、世界中に存在する木の本数を推定した研究が発表されました。アメリカのエール大学を中心とする、世界一五ヵ国の国際研究チームが、地球上にある樹木の本数を調べたものでした。

この研究では、南極大陸を除く全世界の四二万九七七五ヵ所の地域（総面積四三三万ヘクタール）で実際に測定した樹木の密度と、精密な衛星写真を解析し、さらにスーパーコンピューターの最先端技術を組み合わせて、地球上に存在する樹木の数が把握されました。そして、「世界中に存在する木の本数は、約三兆四〇〇〇億本である」と、世界的な科学誌『ネイチャー（Nature）』に発表されたのです。

現在の世界の人口は、約七五億人ですから、一人当たり約四〇〇本という計算になります。今までいわれてきたものより、約七倍の本数であることがわかったのです。

木といっても、いろいろの大きさがあります。「このときの木とは、どんなものを指すのか」との疑問があります。この研究では、「樹木とは、地面から一・三メートルの高さの位置で、幹の直径が一〇センチメートル以上ある植物」と定義づけられています。

分布については、想像される通り、最大規模の森林地域は、熱帯地域でした。熱帯・亜熱帯地域が森林総面積の約四三パーセントでもっとも多く、約一兆三〇〇〇億本でした。ロシア、スカンジナビア半島、北米などの北極に近い北方地域は、約二四パーセントで、約七四〇〇億本でした。日本を含む温帯地域は約二二パーセントで、約六六〇〇億本でした。

では、「これらの多くの木の中で、もっとも長生きの木は？」との疑問が浮かびます。これについては次項で紹介します。

樹齢の長い樹木

長寿を象徴する「ツルは千年、カメは万年」という言葉があります。しかし、実際の寿命は、動物園などで飼育されている場合、ツルは五〇〜八〇年、カメは一五〇〜二〇〇年といわれます。それに対し、樹木の長寿は、動物とは桁が違います。

日本では、樹齢の長い樹木として、鹿児島県屋久島の「縄文杉」がよく知られています。これは、樹齢約二五〇〇年といわれたり、三〇〇〇年以上といわれたりします。高知県長岡郡大豊町には「杉の大杉」があり、樹齢は約三〇〇〇年と推定されています。これは、一

左上・縄文杉
右上・杉の大杉（写真・読売新聞社）
下・栢野の大スギ（写真・KIZAKI Minoru／アフロ）

山高神代桜

九五二年に、国の特別天然記念物に指定されています。また、石川県加賀市には、樹齢が約二三〇〇年といわれる栢野大杉があります。これは、「栢野の大スギ」の名称で、一九二八年に国の天然記念物に指定されています。

このような長寿だけで知られるものだけでなく、その美しさを保ちつつ、樹齢が四桁の数字になる樹木があります。「日本三大サクラ」といわれるサクラです。

山梨県北杜市の「山高神代桜」とよばれるエドヒガンザクラは、樹齢約一八〇〇年とか二〇〇〇年以上とかいわれます。岐阜県本巣市の「根尾谷薄墨桜」とよばれるエドヒガンザクラは、樹齢約一五〇〇年といわれます。福島県三春町の「三春滝桜」とよばれ

上・根尾谷薄墨桜
下・三春滝桜

ブリッスルコーン・パイン

るベニシダレザクラの樹齢は、一〇〇〇年を超えています。

日本だけでなく、世界各地にも、長寿の樹木は多くあります。アメリカのカリフォルニア州インヨー国立公園には、「世界最長寿の樹」といわれるブリッスルコーン・パイン（和名は、イガゴヨウマツ）の「メトシュラ」があります。この樹齢は、約四七〇〇年とか四八〇〇年といわれます。カリフォルニア州のレッドウッド国立公園には、樹齢約二二〇〇年といわれるセコイアがあります。

樹齢世界一を紹介したついでにここで、世界中に存在する約三兆四〇〇〇億本の樹木の中から、「世界一」の称号をもつ樹木をいくつか紹介しておきます。

世界一太い樹木は、メキシコのトゥーレという

上・世界一太い「トゥーレの木」
下・日本一太い蒲生の大楠

左・日本で一番高い花脊の三本杉（写真・毎日新聞社）
右・体積世界一のジャイアントセコイア「シャーマン将軍」
（写真・渡辺広史／アフロ）

町の教会にある、「トゥーレの木」とよばれるメキシコヌマスギです。高さは約四二メートルで、幹のまわりが約五八メートルあり、樹齢は、二〇〇〇年を超えています。

ちなみに日本で一番太い樹木は、鹿児島県始良市の「蒲生の大楠」とよばれるクスノキです。幹のまわりは、約二四・二メートルといわれます。この樹木は、高さは約三〇メートル、樹齢約一五〇〇年で、幹の中が空洞ですが、日本一の巨樹となっています。

世界一背丈が高い樹木は、アメリカのカリフォルニア州のレッドウッド国立公園にある、コースト・レッドウッドの「ヒュペリオン」です。これの樹高は約一一五メートル、樹齢は、七〇〇年から八〇〇年といわれます。

日本で一番背丈が高い樹木は、京都市左京区花脊（はなせ）地域にある大悲山（だいひざん）国有林の、樹齢一〇〇〇年から一二〇〇年といわれる、「花脊の三本杉」です。これは、背丈が六二・三メートルですから、世界一のコースト・レッドウッドは、日本一の木の二倍以上の高さになります。

樹木の背丈は、ビルの階数にたとえられることがあります。たとえば、「世界一のコースト・レッドウッドは、約三八階、日本一の木は、約二〇階の高さです」といわれます。このときの建物の一階の高さは、ふつう約三メートルです。

体積が世界一の樹木は、アメリカ西海岸のシエラネバダ山脈の高地に生えるジャイアントセコイアの「シャーマン将軍の木」です。これは、背丈は八三・八メートル、幹のまわりが三〇メートルを超える太さで、重さが一三〇〇トン以上、体積が一四八六・六立方メートルといわれます。樹齢は、二〇〇〇年から二七〇〇年と推定されています。

葉っぱの寿命

長寿が多い樹木に対して、多くの草花の葉っぱは、一〜二年以内に枯れてしまいます。そのため、草花の葉っぱの寿命は、一～二年以内であることはよくわかります。また、春に出てきた葉っぱが冬になると落葉する、落葉樹とよばれる樹木の葉っぱの寿命も、わかりやすく、一年以内です。

それに対し、一年中緑の葉っぱをつけている常緑樹とよばれる樹木の葉っぱの寿命は長いと思われがちです。しかし、個々の葉っぱの寿命は、何百年、何千年という樹木としての寿命に比べると、そんなに長くはありません。短いものでは数ヵ月、長いものでも数十年です。もっとも長いものとしてよく例にあげられるのは、長寿の木として前項で紹介されたブリッスルコーン・パインの葉っぱの寿命で、三三年とか四四年とかいう数値です。

身近な常緑樹であり、樹齢何百年とか何千年といわれるクスノキでは、五月から六月にかけて、多くの葉っぱが枯れ落ちます。このとき、「ほとんどすべての葉っぱが落葉し、新しい葉っぱと入れ替わる」といわれることがあります。それに対し、「約半分の葉っぱが落葉し、約半分の葉っぱは緑のまま生き残る」ともいわれます。

ほとんど全部が入れ替わるのと、約半分が入れ替わるのとでは、クスノキの葉っぱの寿命は大きく異なることになります。ほとんど全部なら、葉っぱの寿命は約一年です。約半分が入れ替わるのなら、葉っぱの寿命は二年以上です。

たしかに、同じ種類の樹木の葉っぱであっても、寿命の違いは見られます。この原因は、その樹木の育つ環境が異なるからです。葉っぱの寿命は、主に、温度や、光の当たり具合、湿度などに影響されます。

暖かく日当たりの良い場所で、多くの光合成を行うクスノキの葉っぱは、五～六月に、ほとんどすべてが入れ替わります。それに対し、温度が低かったり、日当たりが良くなかったりして、葉っぱがあまり多くの光合成を行うことができないような場所で育つクスノキでは、葉っぱの寿命が長くなり、五～六月に入れ替わる葉っぱの量が少なくなります。

一般に、葉っぱの寿命が尽きる落葉という現象では、その葉がどれだけ光合成を行ったかで決まることが多いと考えられます。よく光合成をした葉っぱの寿命は短く、光合成量が少ないものの寿命は長くなります。

その葉っぱが生涯にできる光合成量は、決まっているかのような現象です。ということは、葉っぱには、「はたらきすぎると寿命が短くなり、あまりはたらかないと寿命が長くなる」という性質があるようです。

この傾向は、イネの葉っぱの老化で、実験的に確認することができます。葉っぱの老化の進行は、葉っぱに含まれる緑の色素であるクロロフィルが減少し、葉っぱが黄色くなることでわかります。

イネの芽生えを栽培すると、一枚ずつ葉っぱが出てきます。出てきた順に、第一葉、第二葉、第三葉と名前をつけていきます。番号が大きくなるほど、あとから出てきた若い葉っぱです。

若い葉っぱが出てくると、芽生えの成長を担う光合成は、古い葉っぱから若い葉っぱへ移行します。そこで、第三葉を残して、あとから出てくる若い葉っぱを抜き取る場合と、抜き取らない場合で、第三葉の老化の具合を調べます。

第四葉以上を抜き取ると、第三葉はいつまでも光合成をしなければなりません。そのため、老化が早まるはずです。逆に、第四葉以上を抜き取らないと、第五葉、第六葉という若い葉が出てきて光合成をするので、第三葉の負担が減り、第三葉の老化は抑えられることが期待されます。

実際に実験をしてみると、予想通りの結果になります。

葉っぱのいのちが尽きるときの出来事とは？

落葉樹の葉っぱは、春からはたらき続け、秋遅くになると枯れ落ちます。このとき、枯れた葉っぱは、風に吹かれて、舞い落ちるように見えます。しかし、葉っぱは、いのちが尽きて、枯れたあとに、風で吹き落とされるのではありません。葉っぱは自分で準備をして、自ら舞い落ちるのです。

葉っぱは、冬の寒さの訪れが近づくと、「冬の寒さの中で、自分はまもなく役に立たなくなる」と感じ、引き際を悟ります。春からはたらいてきた葉っぱの最後の仕事は、枯れ落ちるための支度です。

「葉っぱは、ほんとうに自分で枯れ落ちる支度をするのだろうか」と、疑問に思われるかもしれません。しかし、そのように考えられる根拠は、いくつかあります。

一つ目は、葉っぱが、緑色のときにもっていたデンプンやタンパク質などの栄養物を、枯れ落ちる前に樹木の本体に戻すことです。自分の引き際を悟って、自分のもっていた栄養を本体に戻すのです。そのため、落ち葉には、栄養物がほとんど含まれておらず、繊維質ばかりが目立ちます。

樹木の本体に戻された栄養分は、樹木が生きていくために大切なものです。ですから、すぐに使われる場合もあるし、冬の間、種子や実の形で貯蔵される場合もあります。春に芽吹く芽や地中の根に蓄えられるものもあります。

二つ目は、枯れ落ちる部分の形成は、葉っぱからの指令で行われることです。葉っぱは、「葉身（ようしん）」と「葉柄（ようへい）」という、二つの部分から成り立ちます。葉身は、葉っぱの緑色の平たく広がった部分、葉柄は、葉身を枝や幹につないでいる柄のような部分です。

葉っぱは、落葉に先だって、枝から切り離れるための箇所を、葉柄のつけ根の付近につくります。この箇所は、「離層（りそう）」といわれ、ここで、葉っぱは枝から離れ落ちるのです。離層は、そのためにわざわざつくられるのです。

ですから、同じ種類の植物の落ち葉を並べて葉柄の先端を見ると、まったく同じ形をしています。また、落ちたばかりの葉っぱの葉柄の先端を観察すると、その部分だけはまだ新鮮な色をしています。「枯れ葉」といわれますが、葉柄が枯れて落ちるのではないのです。

ともすると「枝や幹が、役に立たなくなった葉っぱを切り捨てるために、離層をつくる」という印象をもたれるかもしれませんが、そうではありません。離層は、枝や幹からではなく、葉っぱからの働きかけで形成されるのです。そのことを示唆する実験があります。

枝についている緑の葉っぱの葉身を葉柄との接点で切り取り、葉柄だけを残します。すると、葉身を切り取らない場合と比べてずっと早くに、葉柄はつけ根から落ちます。葉身を切り取ると、離層が早くにつくられるからです。

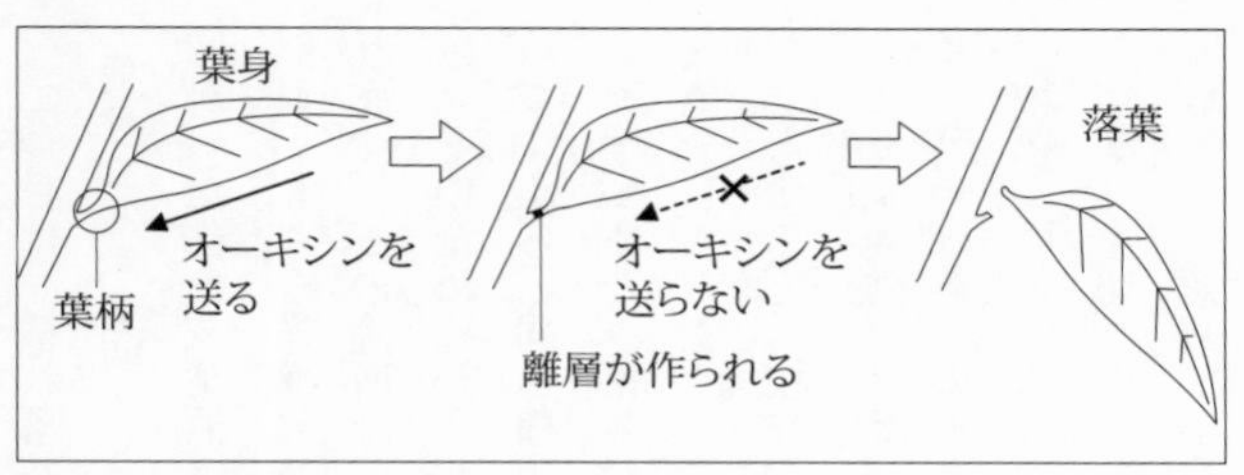

葉っぱの枯れ落ちるしくみ

葉身を切り取っても、切り口から葉柄にオーキシンという物質を送り続けると、葉柄は落ちません。オーキシンは、緑の葉っぱの葉身でつくられ、離層の形成を抑えるのです。

これらの現象は、「はたらいている葉っぱでは、葉身がオーキシンをつくって、葉柄に送り続けており、送られてくるオーキシンが、離層の形成を抑えている」ことを示しています。

葉っぱは、オーキシンという物質を送ることをやめ、自分で離層の形成を促して枯れ落ちます。その姿は、「引き際がきれいで、潔い」と思われる場合もあります。たしかに、春からはたらき続けてきた葉っぱが、自分のいのちが尽きるのを悟って、冬が近づいてくると、自分から枯れ落ちていく姿は、「引き際がきれいで、潔い」といわれるのにふさわしいかもしれません。

動物のいのちが尽きるときは、私たち人間の涙を誘うことが多いのですが、植物たちの葉っぱがいのち尽きるときの姿に涙する人はほとんどいません。でも、多くの葉っぱが落葉する秋に、何となくもの悲しさが漂うのは、その涙に代わるものかもしれません。

第二章　植物のいのちを支える性質とは？

植物たちのいのちと動物のいのちの大きな違いは、動物のいのちは動きまわることで保たれているということです。動物が動きまわるもっとも大きな理由の一つは、いのちを保つのに必要なエネルギーが得られる食べものを探すためです。

すべての動物が生命を維持して成長し、いのちを保っていくには、エネルギーが必要です。そのための食べものを探し求めて、動物はウロウロと動きまわらなければならないのです。

植物たちも生きていますから、動物と同じように、いのちを保つために、エネルギーが必要なはずです。ところが、植物たちは、エネルギーを得るための食べものを探しまわらずに、自分でつくり出します。そのため、食べものを求めて動きまわる必要がありません。植物たちは、動物がエネルギーを得るための食べものとしているブドウ糖やデンプンという物質を、

「光合成」という反応でつくり出します。

この光合成の材料は、水と二酸化炭素であり、反応を進めるためのエネルギーは、太陽の光です。植物たちは、これらを動きまわることなく、自分自身で調達します。水は、根から吸収し、二酸化炭素は、空気中から葉っぱで取り入れます。反応を進めるための太陽の光は、葉っぱで受け取ります。そして、葉っぱで光合成が行われ、食べものがつくられるのです。

植物たちが動きまわることなくいのちを守るために、もっとも大切なことは、〝自給自足〟の能力にすぐれていることです。自給自足という言葉は、「自分に必要なものは、自分でつくり出して、満たしていくこと」を意味します。

葉っぱが食べものをつくり出す力をもっており、動きまわらずに光合成を遂行し、自給自足の生活をやり遂げるのです。しかも、植物たちは、その材料のすべてを〝自己調達〟しているのです。

本章では、植物たちが、動きまわることなく、食べものをつくり出すために身につけている自給自足を支える、根や葉っぱの能力やしくみを紹介します。

(一) 植物は、〝自給自足〟で生きる

根は水を求めて伸びるか？

エネルギーを得るために必要なブドウ糖やデンプンをつくり出す光合成に欠かせないもののうち、水は根が調達しています。ですから、タネが発芽すると、根は水を求めるように必ず下に向かって伸びます。芽の代わりに、根が地上に出てくることはありません。

しかし、「なぜ、根は下に向かって伸びるのか」という疑問に対して、「水を求めて伸びているから」とはいわれません。なぜなら、根には、水を求めなくても下に向かって伸びる二つの性質がよく知られているからです。

一つは、「根は、光を感じ、それを避けるように伸びる」という性質です。根が下に向かって伸びるのは、「根には、光を避けるように伸びる性質があるから」といわれるのです。たしかに、根には光を避ける方向に伸びる性質があります。

しかし、光のない真っ暗な中でも、根は下へ伸びます。真っ暗だからといって、根が芽の代わりに、上に伸びてくることはありません。ですから、根が下へ伸びるのは、光を避ける

方向に伸びるという性質だけによるわけではありません。

もう一つは、「根は、重力を感じ、その方向に伸びる」という性質です。たとえば、光のない真っ暗な中でも、発芽した芽生えを土中から抜き取り、水平に横たえておくと、根の先端はやがて下向きに曲がり、下に向かって伸び出します。これは、重力に対する根の反応なのです。

ですから、「なぜ、根は下に向かって伸びるのか」という問いかけには、「根は、光を感じ、それを避けるように伸び、また、重力を感じ、その方向に伸びる」と説明されます。根が水を求めて伸びるという性質には、触れられません。

しかし、根が下に伸びなければならないのは、地上部のからだを支えることもありますが、水を吸収することも大切な目的なのです。そのため、「根は、水を求めて下に伸びないのか」という疑問が浮かびます。

畑や花壇の土は、地表面の近くが乾燥していても、地中の深くでは、水を含んでいます。そのため、「根は、その水を求めて、下に向かって伸びていくのではないか」と考えることはできます。

ところが、地球上には重力があり、根には重力の方向に伸びるという性質があります。ですから、根が水を求めて下に伸びていることは、重力と切り離して証明しにくいのです。そのため、「根が水を求めて下に向かって伸びていく」とは、これまではっきりといわれてきませんでした。

しかし、近年は、「根が水を求めて下に向かって伸びていく」ことが、はっきりと認められるようになりました。その根拠は、主に、次の三つに整理できます。

一つ目は、根が水のある方向に向かって伸びる現象がよく見られることです。これは、多くの人に何となく感じられてきたものです。たとえば、土の中の配水管などの割れ目から水が漏れていると、割れ目に向かって多くの根が伸びる現象が観察されてきました。

二つ目は、シロイヌナズナという植物に、突然変異で重力を感じなくなった個体が生まれたことです。この個体の根は、重力を感じることはありません。ところが、その根は土の中深くに多くある水を求めて下に伸びるのです。

三つ目は、宇宙ステーションでの実験です。宇宙ステーションの中では、重力ははたらいていません。それにもかかわらず、シロイヌナズナをはじめ、レタスやヒャクニチソウなどのタネが発芽すると、根は下に伸びたのです。このとき、発芽した芽生えの下には、水を含んだロックウールが置かれていました。

ロックウールというのは、岩石を加工して、水を含むようにしたものです。根は、無重力の中に置かれた水を含んだロックウールの中へ伸びたのです。地球上では、重力があるために見えにくい「根は、水を求めて伸びる」という性質が、無重力の宇宙で、はっきりと示されたのです。

このように、根には、水を求めて伸びる力が備わっているのです。この力があるからこそ、根は、土の中を下に向かって、〝深く〟伸びます。土の表面は乾燥していても、地面の下には、深くなればなるほど水分があり、その水を求めて、植物たちは長く根を伸ばすのです。

この力は、同じ種類の植物が湿った土で育った場合と、乾燥した土で育った場合の根の成長を比較すると、よくわかります。植物の地上部は、湿った土で育ったほうが乾燥した土の場合よりも、植物の成長ははるかに上まわります。そのため、隠れて見えない地下部の根の成長も、湿った土のほうが乾燥した土の場合よりも、よいように想像されます。

ところが、根の成長はそうではありません。実際に掘って確かめてみると、湿った土で育った根はそれほど伸びていないのに比べて、乾燥した土で育った根は、湿った土で育った根に比べて、ずっときめ細かく深く張りめぐらされています。乾燥した土地で育つ植物の根は、水を求めてたくましく伸びるのです。

根は、水が少なく不足しているという逆境の中で、水を探し求めるように、また、少しでも水をくまなく吸収できるように、きめ細かく深くに張りめぐらせるのです。水が不足するという条件の中で、根の〝根性〟を感じさせるような伸び方です。

「いろいろな困難や苦労にくじけない性質」に、「根性」という語が当てられます。この語の語源が、文字の並びの通りに「根の性質」なのかどうかは定かではありません。でも、根が水の不足する環境の中で水を探し求めて伸びる性質は、「根性」という語にふさわしいものです。

このように、植物たちが水を自己調達するために、根には水を探し求めて伸びるという性質があります。しかし、「根にそのような性質があるからといって、植物たちが水を自分で調達しているとはいえない」と思う人もいます。

なぜなら、「私たち人間が水やりをしないと、草花や野菜などは簡単に枯れてしまうから」というのが、その理由です。しかし、植物に水を与えるのは、私たち人間が植物を早く成長させることを望んだり、多くの収穫物を得ることを願ったりするからです。

自然の中では、植物たちは、私たちが水をやらなくても、水不足に耐えて、容易には枯れることはありません。

根は、どのように、水を吸い込むのか？

「根は、水を吸収する」と表現されます。しかし、根には、ポンプのような水を吸い込む装置がついているわけではありません。では、どのように、根は土壌に含まれる水を根の中に吸い込むのでしょうか。このしくみを理解するために、わかりやすい現象があります。

ある小学生が、夏休みの自由研究で出会った「甘いトマトの果実ができるように、トマトの芽生えに、水の代わりに砂糖水を与えていたら、芽生えは枯れてしまった」という現象です。「なぜ、砂糖水を与えると、枯れたのでしょうか」という質問を受けました。

水の代わりに砂糖水を与えていても、砂糖水に溶けている砂糖の濃度が低いときには、植物は枯れないでしょう。しかし、砂糖水に溶けている砂糖の濃度が高い場合、たしかに、植物は枯れてしまいます。なぜなら、溶けている砂糖の濃度が高くなると、根は水を吸収できなくなるからです。

「どのようにして、根は水を吸収できるのか」と考えてください。根が薄い砂糖水を吸収できるのは、その砂糖水の性質に基づいています。その性質とは、「砂糖があまり溶けていない砂糖水（濃度の低い液）と、砂糖が多く溶けている砂糖水（濃度の高い液）の二つが接触したときには、両方の砂糖水が同じ濃度になろうとする」というものです。

この性質は、砂糖に限らず、根に含まれるビタミンやアミノ酸、ミネラルなどの物質でも同じなのです。ふつう、根の中には、いろいろな物質が含まれ、それらが溶けた状態の液があります。

根のまわりの土壌に水を与えると、根の中にある物質が溶けた状態の液と、根のまわりに与えられた水は、根の表皮を介して接触します。すると、ふつうは、根の中の液のほうが濃度が高く、土の水は濃度が低いので、根の中の液と、土壌の水は、同じ濃度になろうとします。

この性質を根に水を与える場合で考えましょう。同じ濃度になろうとするとき、二つの可能性が考えられます。一つは、根の中にある物質が、土壌に含まれる水に移動して、同じ濃度になろうとする場合です。もう一つは、土壌に含まれる水が、根の中にある物質が溶けた状態の液のほうに移動して、同じ濃度になろうとする場合です。

ところが、根には表皮があります。根の表皮には、「水は自由に通すが、根の中にある物質は通さない」という性質があるのです。そのため、根の中にある物質が、土壌に含まれる水のほうに移動することはできません。

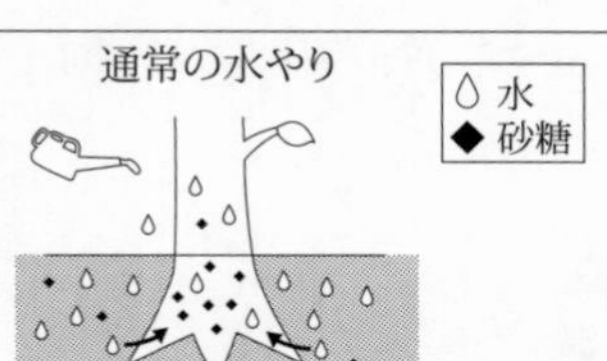

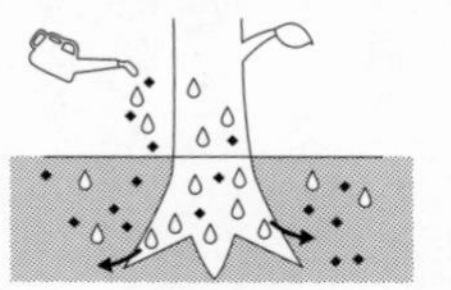

植物に砂糖水を与えると？

とすれば、二つの液が同じ濃度になろうとするためには、土壌に含まれる水が根の中に移動するしかないのです。だから、水が根の中に入ってくるのです。これが、根が水を吸収するしくみです。

　このしくみがわかれば、「水の代わりに、濃度の高い砂糖水を与えていたら、芽生えが枯れてしまった」という現象の原因は理解できるでしょう。根の中にある液の濃度より、根のまわりに与えられた砂糖水の濃度のほうが高い状態なのです。

　そのため、根の中にあった水が、根のまわりに与えられた砂糖水と同じ濃度になろうとして、根から外へ移動してくるのです。その結果、根は水を吸収できるどころか、水が不足してしまい、その植物は枯れてしまうのです。

　ふつうには、いろいろな物質が溶けているので、根の中はまわりよりも濃度が高い状態になっています。だから、根のまわりの土壌に水があれば、根はそれを吸収することができるのです。そのため、根は水を自分で調達することができるのです。

「根が水を吸収する」というよりは、「水が根に入り込んでくる」というのが、正しい表現かもしれません。

ある小学生の「なぜ、砂糖水を与えると、枯れたのでしょうか」という質問に対しては、「砂糖水が濃すぎたから」というのが答えとなります。では、「もし砂糖水の濃度が薄かったら、甘いトマトが実ったのか」との疑問が残ります。

それに対する答えは、「枯れずにうまく育てば、甘いトマトが実ったはず」となります。「それは、砂糖水に含まれる砂糖のおかげか」との疑問がおこります。でも、そうではありません。砂糖水でなくて、塩を含んだ塩水でも、甘くなるのです。

実際に、近年ではそうした性質を利用して栽培された、糖度の高い「フルーツトマト」が出回っています。フルーツトマトは、品種名ではなく、水分を控えて栽培し、通常のトマトの糖度五〜六度を超えて、糖度八度以上に与えられるトマトの総称で、フルーツのような甘さが特徴です。

このトマトの発祥の地は、高知県高知市徳谷(とくだに)地区といわれます。一九七〇年の台風で、堤防が決壊し、海水が畑に流れ込みました。そのあと、塩分が残った畑で、小粒ながら甘いトマトが実ったのが、フルーツトマト栽培のきっかけになったのです。

塩分が残った畑では、水の吸収が妨げられます。塩分が濃すぎると枯れてしまいますが、枯れないギリギリの濃度で、トマトが栽培されると、糖度の高いトマトができることがわかったのです。その後、この栽培方法は、「節水栽培」とよばれることもあります。

水は、どのように、上に引き上げられるか？

根で吸収される水は、植物の先端にある芽や葉っぱにまで、届けられなければなりません。では、「どのように、水は上に引き上げられるのか」との疑問が生じます。そのとき、はたらく力の一つは、根が水を上に押し上げる「根圧(こんあつ)」といわれます。根から吸収された水が、上に押し上げるようにはたらく力です。この力は、観察することができます。

植物の茎や幹を切断してしばらくすると、切り口に少しの水がにじみ出てくることがあります。茎や幹を切っただけで、切断面に液がにじみ上がってくるのは、根が茎の中の液を押し上げているからです。これが根圧の力です。

しかし、この力だけでは、背の高い植物はもちろんのこと、背丈の低い植物でも、水は先端にまでは運ばれません。そこで、地上にある葉っぱが、上から水を引き上げるはたらきをします。

葉っぱは、「蒸散（じょうさん）」という作用によって、水を水蒸気として空気中に放出します。蒸散とは、葉っぱの表皮にある「気孔（きこう）」とよばれる小さな穴から、水が水蒸気となって蒸発していくことです。

葉っぱから蒸散する水は、根から茎の中にある細い「道管（どうかん）」とよばれる管を通って葉っぱに運ばれます。道管には、水が切れ目なく満たされています。その状態で、道管の中にある水は強い力で結びつき、つながっているのです。水を結びつけている強い力は、「凝集力（ぎょうしゅうりょく）」とよばれます。

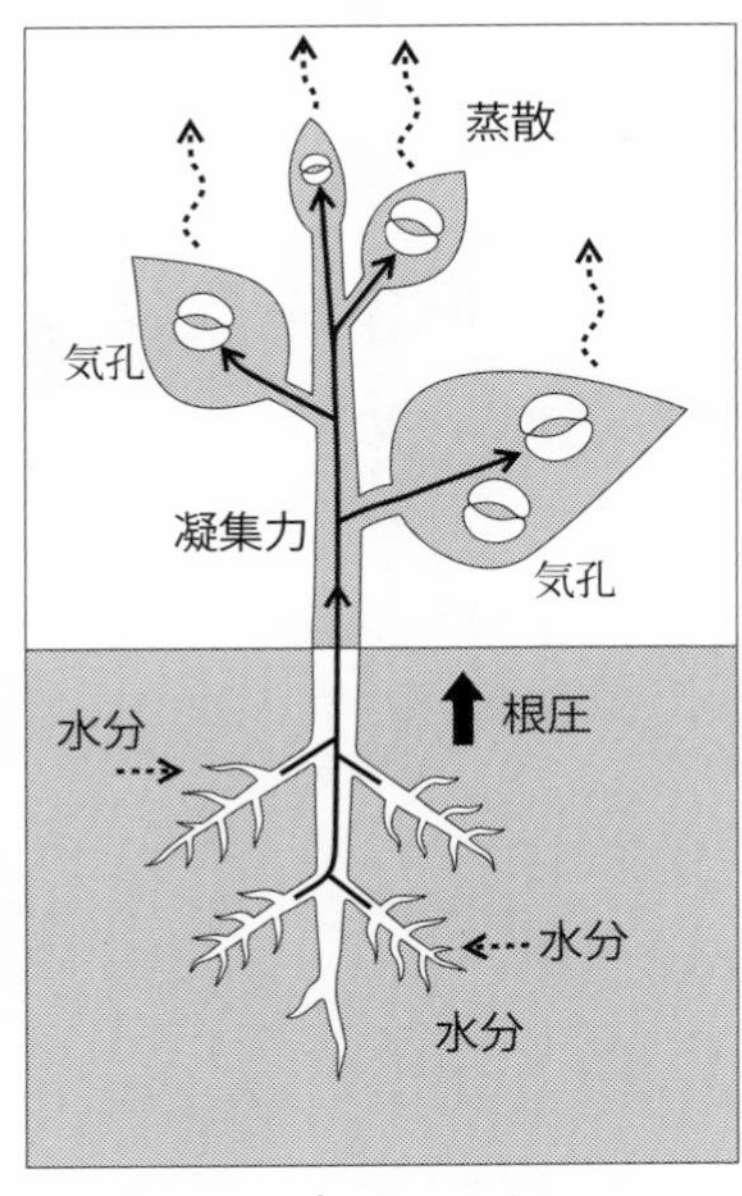

水が引き上げられるしくみ

道管の下は根につながっており、上は葉っぱの気孔につなががっています。道管の中で、水は切れ目なく強く結びついています。そのため、水が葉っぱから蒸散で空気中に出ていくと、出ていく水に引っ張られて、下の水は上のほうに引き上げられます。ですから、先端の葉っぱから水が蒸散すれば、根から水が上がってくることになります。

このしくみは、切り枝や切り花のように、根のない場合でも同じです。たとえば、切り花がイキイキと長生きするためには、水が枝や茎の切り口から上がってこなければなりません。切り口から入った水が茎の中を通るのは、細い道管の中です。水がこの管の中を引っ張られて上がってくるためには、その水がつながっていることが大切です。

切り花やそのそばにある葉が水を引き上げますが、もし、空気が道管の中に入って、水のつながりが切れると、上から引っ張っても水は上がりにくくなります。すると、切り花は長持ちしません。そこで、「切り花にするために茎を切るときは、水の中で切る」というのが大切です。

空気中で茎を切ると、道管の中に空気が入って、道管の中の水のつながりが切れることがあるのです。そこで、つながりが切れるのを避けるため、水の中で茎を切ります。そうすれば、切り口から空気が入らないので水のつながりが切れず、水揚げがスムーズになり、切り花が長持ちします。これは、「水切り」といわれます。

葉っぱは、どのように、二酸化炭素を吸い込むのか？

植物たちは、根から吸収した水と、葉っぱから取り込んだ二酸化炭素を材料にして、ブドウ糖やデンプンをつくっています。これらの物質は、植物がいのちを保つために必要なエネルギーを得るためのものです。これらをつくるには、水とともに二酸化炭素が必要です。そのため、植物たちは、空気中から二酸化炭素を吸収しなければなりません。

この吸収については「葉っぱは、空気の中にある二酸化炭素を取り込む」と表現されます。では、植物たちは、空気の中にわずか約〇・〇四パーセントしか含まれていない二酸化炭素を、どのようにして、葉っぱから取り込むのでしょうか。

「取り込む」という表現からは、私たちが呼吸で息をするときに、空気を口や鼻から吸い込むような印象があります。植物たちも、空気を吸い込むように、二酸化炭素を取り込むのでしょうか。

植物たちは、私たちが呼吸で息を吸い込むように、二酸化炭素を積極的に吸い込むのではありません。二酸化炭素が、葉っぱの中にひとりでに入ってくるのです。二酸化炭素のような気体には、「濃度の異なる気体が接すると、濃いものが薄いものと同じ濃度になろうとする」という性質があります。

すなわち、濃度の異なる、二つの気体が接触すれば、濃度の高い気体は、同じ濃度になろうとして、接している低い濃度の気体のほうへ移動するのです。これは、「拡散（かくさん）」とよばれる現象です。

たとえば、香水の入った瓶のふたを開けると、強い香りが漂います。しかし、その香りは、いつのまにか消えます。「香りは、どこへ行くのか」とか「なぜ、香りは消えるのか」などと不思議に思われるほど、いつのまにか消えてしまいます。

風が吹いていれば、香りは、風の流れに乗ってどこかへ移動していくと思われます。でも、風のまったくない部屋の中でも、いつのまにか、香りはまわりの空気と混じりあって薄まってしまいます。これは、香りが拡散するためです。

空気中に含まれる二酸化炭素は、葉っぱの表皮にある「気孔」という小さな穴を介して、葉っぱの中にある二酸化炭素と接しています。気孔は、葉っぱの表面や裏面にある小さな穴です。

カシやアオキなどの表面に光沢のある葉っぱでは、気孔は、葉の表面にはほとんど存在せず、裏面に集中しています。一方、雑草や野菜、栽培する草花などでは、気孔は、葉っぱの裏面に表面より多くある傾向にありますが、葉っぱの表面にも裏面にもあります。

この穴は、小さいので肉眼では見えません。顕微鏡の下で、「葉っぱには、何個くらいの気孔があるのか」と数えようとすると、葉っぱ全体では多くありすぎて数え切れません。そこで、一ミリメートル四方の面積に限定して数えます。

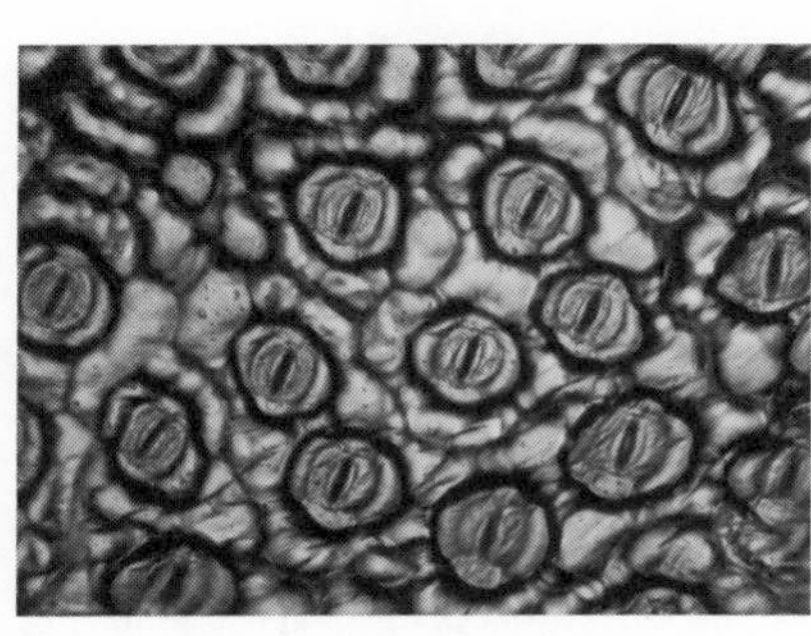

ツユクサの気孔

すると、植物の種類ごとに異なりますが、たった一ミリメートル四方の中に、少ない場合でも数十個くらい、多いものでは一〇〇〇個以上もの気孔があります。これを、親指の爪ほどの面積（約一センチメートル四方）の中にある気孔の個数に換算すると、多いものでは、一〇万個以上にもなります。「葉っぱは、気孔だらけ」といえます。

気孔の大きさは、植物の種類によりさまざまですが、大きなものでは約一〇〇マイクロメートルです。一マイクロメートルというのは、一ミリメートルの一〇〇〇分の一ですから、約一〇〇マイクロメートルは、〇・一ミリメートルです。この小さな気孔から、二酸化炭素が葉っぱの中に入ってくるのです。

空気中の二酸化炭素の濃度は、約〇・〇四パーセントです。葉っぱの中では、二酸化炭素は光合成に使われていますから、その濃度は低くなっています。わかりやすいように、ここではその濃度をゼロと考えます。すると、二酸化炭素の濃度は、気孔をはさんで、葉っぱの内部はゼロ、外部は約〇・〇四パーセントとなります。

葉っぱの外部の〇・〇四パーセントというのは低い濃度ですが、葉っぱの内部のゼロと比べると、高い濃度です。ですから、二酸化炭素は、高い〇・〇四パーセントのほうから低いゼロのほうへ移動します。

葉っぱが光合成をして、二酸化炭素をどんどん使えば、葉っぱの中の二酸化炭素の濃度は、常に外部の空気中にある二酸化炭素の濃度より低くなります。そのため、二酸化炭素は外の空気から葉っぱの中に移動してきます。だから、葉っぱは、自分で二酸化炭素を調達することができるのです。

「葉っぱが、二酸化炭素を取り込む」、あるいは、「葉っぱが、二酸化炭素を吸収する」といわれます。しかし、正確には、「二酸化炭素が、葉っぱの中に流れ込んでくる」と表現するほうがいいのかもしれません。

水の場合も同じでしたが、植物たちは、光合成に必要な水と二酸化炭素を動きまわることなく、自分で調達できるようにしているのです。では、植物たちは、光合成をするために必要な光をどのように吸収しているのでしょうか。

葉っぱは、どのように、光を吸収するのか？

光には、いろいろの色の光があります。近年では、発光ダイオードの赤色や青色、緑色や黄色などはよく知られています。では、私たちが、ふつうに〝光〟とよんでいる、太陽の光や蛍光灯、白熱灯の光などは、何色というのでしょうか。

これらの光には、いろいろな色の光が含まれています。私たちが目で見ることができる「可視光」とよばれる光だけでなく、人間の目に見えない「紫外線」や「赤外線」も含まれています。

可視光には、「紫色」や、それより少し明るく感じる青みを帯びた「藍色」、「青色」が含まれます。また、青色に黄色みを帯びた「緑色」、「黄色」があり、それが赤みを帯びた「橙色（だいだいいろ）」、「赤色」なども含まれています。

これらの紫、藍、青、緑、黄、橙、赤の七色が、〝虹の七色〟とよばれます。しかし、虹の七色といっても、七色のそれぞれの色の間に、色の違いを区切る境目はありません。たとえば、紫色、藍色、青色の三色を厳密に区別し分けることはできません。そこで、これらの三色は「青色光」としてまとめられます。同じように、緑色と黄色などの光は「緑色光」、橙色や赤色などの光は「赤色光」としてまとめられます。これらの三色が、「光の三原色」とされています。

これらの三色の光を混ぜると、何色になるのでしょうか。人工的に、青色光、緑色光、赤色光を別々につくり出し、三色の光を混ぜてみます。すると、三色の光が混ざった部分は、白色になります。

ですから、私たちが〝ふつうの光〟とよんでいるのは、〝白色光〟といわれるものです。太陽の光や蛍光灯、白熱球の光などの〝光〟というのは、白色光とよばれます。言い換えると、ふつうの光である白色光には、青色光、緑色光、赤色光の三色の光が混ざっているということになります。

葉っぱは、緑色に見えます。「なぜ、葉っぱは緑色に見えるのか」と考えてください。ただ、何の光も当たらないところで、葉っぱを見ると、葉っぱは緑色ではなく黒色にしか見えません。ということは、「緑色の葉っぱは、緑色の光を発光している」ということではないのです。

そのため、「なぜ、葉っぱは緑色に見えるのか」という疑問は、もう少し正確に言い換えると、「なぜ、ふつうの光が当たると、葉っぱは緑色に見えるのか」という疑問となります。ふつうの光とは、白色光です。ですから、この疑問は、「なぜ、白色光が当たると、葉っぱは緑色に見えるのか」という疑問に置き換えられます。

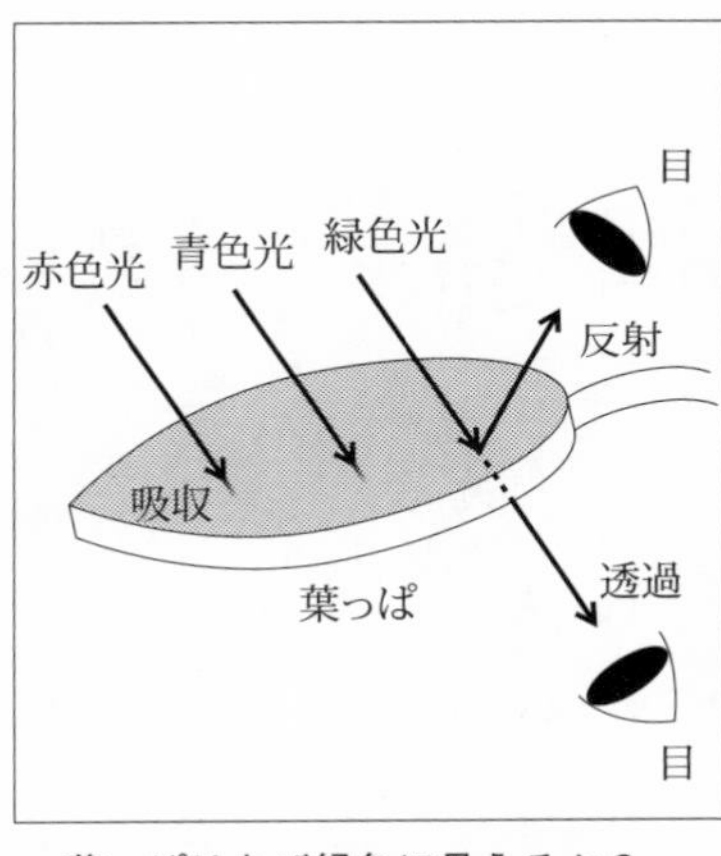

葉っぱはなぜ緑色に見えるか？

白色光には、青色光、緑色光、赤色光の三色の光が混ざって含まれているのです。そのため、「なぜ、葉っぱは緑色に見えるのか」という疑問は、「なぜ、青色光と緑色光と赤色光の三色の光が混ざった光が当たると、葉っぱは緑色に見えるのか」という、具体的な疑問になります。

実は、私たちの目に緑色に見える葉っぱには、ある性質があります。それは、「白色光が当たると、それに含まれる青色光と赤色光を積極的に吸収するのに対し、緑色光をあまり吸収しない」という性質です。葉っぱに吸収されない緑色光は、葉っぱの表面で反射されたり、葉っぱの中を通り抜けたりします。

一枚の葉っぱを横に寝かせて、白色光が当たっている葉っぱの表面を上から見ると、白色光に含まれる青色光と赤色光は、葉っぱに吸収されるので、反射しません。そのため、上から葉っぱを見ている人の目には、青色光と赤色光は入ってきません。ですから、葉っぱは青色や赤色には見えません。

それに対し、緑色光は、葉っぱにあまり吸収されません。そのため、葉っぱに当たった緑色光は、反射して、その光は上から見ている人の目に入ってきます。ですから、葉っぱは緑色に見えるのです。

葉っぱを手にもって上にかざし、上から光の当たっている葉っぱを下から見てください。葉っぱは、下から見ても、緑色に見えます。上から葉っぱに当たった白色光に含まれる青色光や赤色光は、葉っぱに吸収されるので、下へ通り抜けてきません。ですから、下から見ても、葉っぱは青色や赤色には見えません。

それに対し、葉っぱに当たった緑色光の一部は、反射されないで葉っぱの中に入り、吸収されないで、中を通り抜けてきます。そのため、下から見ると、緑色光が葉っぱから出てき

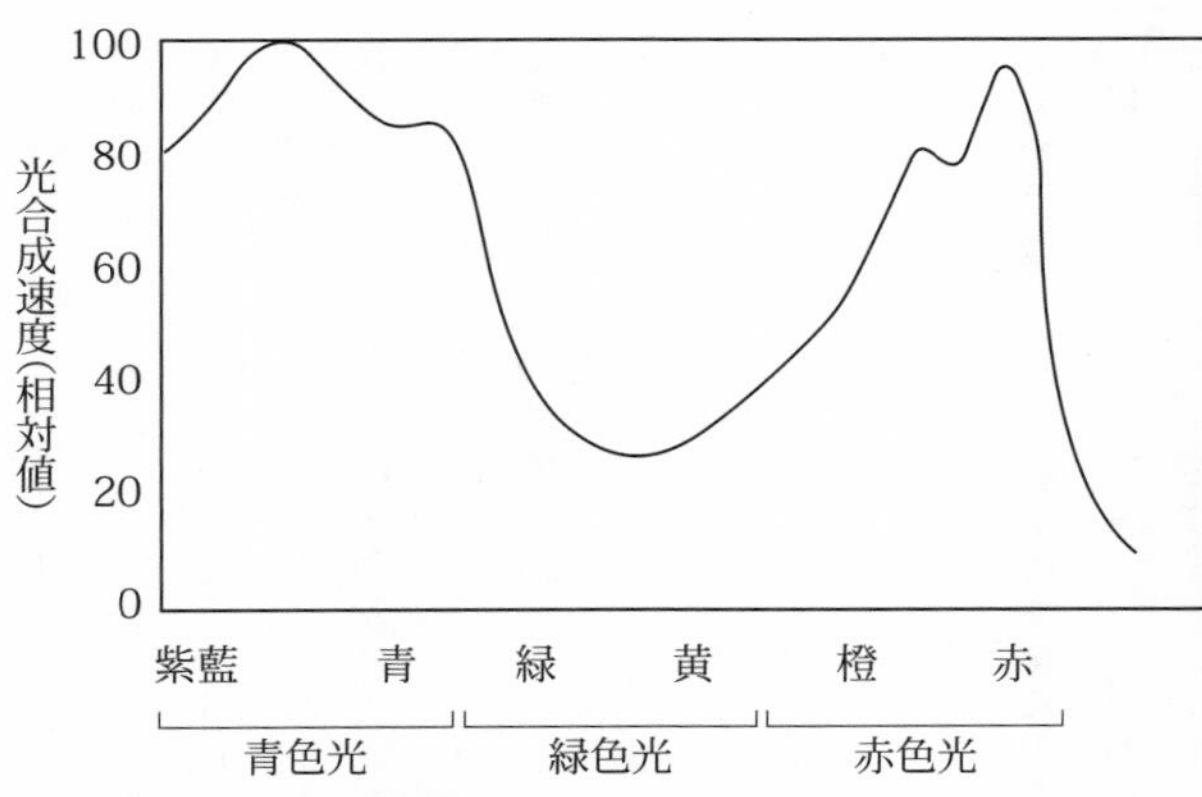

どの光が光合成に役立つか？

て目に届き、葉っぱは緑色に見えます。

結局、上から見ても下から見ても、葉っぱは緑色に見えるのです。葉っぱが緑色に見える理由は、「白色光が当たると、葉っぱが、それに含まれる青色光と赤色光を積極的に吸収するのに対し、緑色光をあまり吸収しないから」です。

この葉っぱの性質は、葉っぱに含まれる「クロロフィル」という物質によるものです。クロロフィルは、葉っぱに含まれる緑色の色素で、「葉緑素」ともいわれます。この色素は、青色光と赤色光を吸収し、緑色光をほとんど吸収しません。

葉っぱが光を吸収するのは、光合成のためです。そこで、「葉っぱに吸収された青色光と赤色光は、ほんとうに、光合成に使われているのか」との疑問が残ります。

光合成では、二酸化炭素が吸収され、酸素が放出されます。そこで、「どの色の光が、光合成にどれほど役に立っているか」を知るには、葉っぱにいろいろな光を当てて、放出される酸素の量か、吸収される二酸化炭素の量を測定すればいいことになります。多くの場合、二酸化炭素の吸収される量がはかられます。一定の時間、たとえば、一時間のうちに吸収される二酸化炭素の量が光合成の速度を表しますから、どの色の光がどれだけ光合成に役立つかがわかります。

調べられると、緑色光が葉っぱに当たった場合に比べて、青色光と赤色光が葉っぱに当たった場合に、二酸化炭素の吸収される量は高い値になります。吸収される二酸化炭素の量から光合成の速度を求め、相対的に比較できるように表すと図のようになります。

これにより、「クロロフィルが吸収した青色光と赤色光は光合成に有効に使われる」ことが確認できます。

自給自足で、発展、繁栄はできるのか?

〝自給自足〟という言葉は、「自分に必要なものは、自分でつくり出して、満たしていくこと」を意味します。この言葉からは、旧石器時代、縄文時代、弥生(やよい)時代など、古い時代の人間の生活様式が浮かび上がります。これらの時代の生活は、自給自足の生活だったといわれます。

そのため、「〝自給自足〟で生活していては、発展や繁栄がないのではないか」と思われ、自給自足は、今どきは流行(はや)らない言葉のようです。たしかに、時代を経るにつれて、人間の社会は、自給自足の生活様式を捨て、人々や組織、地域や国々が分業することで、発展、繁栄してきました。ですから、「植物のように自給自足を続けていれば、発展や繁栄がないのではないか」との思いも浮かびます。

それに対し、植物たちは、その誕生から一貫して、自給自足の生活を続けてきました。しかし、植物たちは、発展、繁栄しています。「どのように、植物たちは、発展、繁栄しているのか」との疑問がおこるかもしれません。

植物たちは、分業することなく、自分自身の〝自給自足をする力〟を高めることで、発展、繁栄してきています。〝自給自足の力〟を高めることを大切にし、その力に応じて、発展、繁栄しているのです。

たとえば、一つの個体でいえば、発芽したばかりの芽生えの自給自足の力は弱いですが、からだが小さいので大丈夫です。大きくなるにつれて、自給自足の力は高められ、背丈の大きいからだになり、さらに花を咲かせ、果樹を実らせ、タネを残すのです。その量もまた、自分の力の大きさに依存しています。

群落についていえば、狭い地域で生育していた植物たちが、年月の経過とともに、生育範囲を広げることはよくあります。植物は、自給自足の力を蓄え、その力を高めることで、生育範囲を広げているのです。

また、歴史的には、植物たちは、自給自足の生活をしながら、すごい発展を遂げてきています。約四億七〇〇〇万年前に、海から上陸した植物は、コケ植物のようにジメジメとした場所でしか生育できませんでした。しかし、現在では、地球上のどのような環境の地域でも、花を咲かせ、おいしい果実を実らせ、植物たちは繁茂しています。

逆に、私たち人間のように、自給自足を避け、分業を進めることは、一見、発展や繁栄をもたらすようですが、いのちを守るということからはリスクが大きくなっていることを理解しなければなりません。自給自足で生活できないということは、自分の力だけでは、いのちを守れないということにもつながります。他の人々や組織、地域や国々に頼ってしか、自分のいのちを守れなくなるのです。

（二）自給自足を貫くために！

〝密〟を避ける！

新型コロナウイルスの感染を避け、私たちがいのちを守るために大切にしなければならないと悟らされたのは、密閉、密集、密接の三密を避けるということです。新型コロナウイルス感染症禍の中で、私たち人間は〝三密〟を避ける行動を実践しました。

この言葉は、二〇二〇年の流行語大賞に選ばれました。そして、毎年、年の暮れには、その年を象徴する漢字一文字が発表され、京都市東山（ひがしやま）区にある清水寺（きよみずでら）の貫主（かんす）によって揮毫（きごう）されるのですが、二〇二〇年は、〝密〟という文字になりました。

植物に目を向けてみると、植物はそもそも〝密〟を絶対に避ける生き方をしているのです。ここでは、〝三密〟を避けて、いのちを守り暮らしている三つの事象を紹介します。

一つ目は、空間における〝密〟を避けることについてです。まず、発芽という現象についてです。

植物には、カタバミやホウセンカのように、自分でタネを飛ばすものがいます。タンポポやモミジのように、風に乗せてタネを遠くへ運ばせるものもいます。軽いタネは、そのようにしてまき散らすことができます。オナモミやイノコズチのように、動物のからだにくっついて移動するものもいます。

これは、植物たちが、生育地を広げるとともに、発芽するときの〝密〟の状態を避けるためです。タネが移動しなければ、親のそばでつくられたタネが、〝密〟の状態で発芽しなければなりません。

しかし、カキやビワのように、木にできる重いタネは、容易に移動することができません。そのまま親のまわりに落ちて、〝密〟の状態になります。そうならないために、動物にタネを広い範囲にまき散らしてもらうことは、重いタネをつくる植物たちにとって大切なのです。

ですから、果実をつくる植物たちは、「動物に果実を食べてほしい」と思っているはずです。そのために、おいしい果実を準備するのです。タネができあがったころに、おいしそうな色になって、動物に食べてもらえるように「もうおいしくなっているよ」とアピールするのです。

私たちが、植物を栽培する場合も、〝密〟を避けます。たとえば、同じ種類の植物を栽培するときには、小さいタネなら、一ヵ所に多くがまかれます。発芽してくると、小さい芽生えが〝密〟になります。

そのまま、〝密〟の状態では、芽生えが育つはずはありません。光や水や養分などの奪い合いがおこるからです。そこで、元気に育ちそうな芽生えを残し、他の芽生えを抜いて、〝密〟の状態を解消します。この作業は、「間引き」といわれます。

私たちは、植物を栽培する場合、一定の面積であれば、栽培できる本数は、経験的に知っています。ですから、それに合わせて、栽培する株の本数を決めます。そのため、タネをまく場合には、「何センチメートル離してまきなさい」とか、苗を植える場合には、「何センチメートル離して植えなさい」とかいわれるのです。

ところが、せっかく栽培するのだから、「同じ面積に、たとえば、四倍の本数の株を栽培すれば、四倍の収穫量が得られるだろうか」と欲張ったことを考えることもあります。四倍の収穫量を得るために、すべての芽生えにまんべんなく光が当たるようにし、水も養分も不足しないようにして、育ててみます。

植物が芽生えのときには、すべての芽生えに光を当てることは可能かもしれません。しかし、芽生えが成長し、葉っぱが大きくなると、密に隣り合わせになった株は、陰ができてしまいます。また、土に水や養分が十分にあったとしても、根が伸びて隣の株の根と、水や養分の奪い合いがおこります。

その結果、生き残る株の本数は減ります。もし、すべての株が何とか成長したとしても、各個体の葉や根、茎や幹の成長が抑えられます。また、生産されるタネの数が減ります。その結果、すべての株が枯れずに育ったとしても、収穫量は四倍にはなりません。

四倍の芽生えを苦労して育てたとしても、四分の一の芽生えの本数でりっぱに育った場合と、ほぼ収穫量は同じになるのです。一定の面積で、得られる葉や根、茎や幹、生産できるタネの数などは、ほぼ一定になるように決まっているのです。

間引きによる〝密〟の状態の解消は、植物たち自身で行われることもあります。ある種類の植物が〝密〟の状態で生育をはじめると、光や水や養分などの奪い合いの生存競争がおこります。その結果、競争に敗れた個体は、生育が悪くなって、やがて枯死していきます。

これは、植物たちが自分で、〝密〟の状態を避けるために間引きを行っている現象であり、「自己間引き」とよばれます。自然の中では、植物たちは、この方法で、一定の面積で育つ個体数を調整します。

二つ目は、ハチやチョウを誘う競争においての〝密〟を避ける工夫です。植物たちにとっては、子ども(タネ)をつくるための相手に、花粉を運んでくれるのは、主にハチやチョウなどの虫なのです。そのため、植物たちは、花の中にハチやチョウを誘い込まなければなりません。そこで、多くの花は、美しい色で装い、いい香りを放ち、おいしい蜜を準備して、懸命にハチやチョウを誘い込む努力をします。

もし、すべての植物が同じ季節にいっせいに花を咲かせたら、花粉を運んでくれるハチやチョウを誘い込む競争はとてつもなく激しくなります。これは、〝密〟の状態です。

そこで、植物たちは、他の種類の植物と、開花する月日を少し〝ずらす〟という知恵をはたらかせます。多くの植物が花を〝密〟に咲かせるのを避けるためです。これを人間が観察して表したものが、「花ごよみ」です。

花ごよみは、各月ごとに、どのような草花や樹木が花を咲かせるかが記述されたものです。たとえば、春に咲くサクラ、コブシ、ボケ、ハナミズキ、フジ、ツツジなども、同じ地域で少しずつ、開花の時期がずれています。開花の時期を少しずつずらして〝密〟の状態を避けているのです。

そうはいっても、同じ季節や同じ月日に、多くの植物が開花します。すると、ハチやチョウなどを誘い込む競争が激しくなります。そこで、植物たちは種類ごとに、「月日」だけではなく、開花する「時刻」もずらすという知恵を思いつきました。

たとえば、アサガオは、夏の朝早くに、花を咲かせます。この植物は、季節だけでなく、時刻もずらして〝密〟を避けているのです。他の花がまだ咲いていない時刻なら、ハチやチョウを誘い込みやすいからです。

夏の夕方遅くに咲くツキミソウ、夜一〇時ころに咲くゲッカビジンなども、同様の作戦で〝密〟を避けて生き残ろうとしています。私たち人間でいえば、朝の通勤ラッシュを避けて、時差出勤をするようなものでしょう。

三つ目は、生育する葉っぱが時期をずらすことです。たとえば、秋に花を咲かせるヒガンバナです。この植物は、太陽の光の奪い合いをやめて〝密〟を避けています。

多くの植物は、花が咲けば、タネができます。タネをつくるための栄養は、葉っぱがつくります。だから、植物では、花が咲く前に葉っぱが出て、その葉っぱが光合成で栄養をつくり、そのあと花が咲いて、タネができるというのが、ふつうの順序です。

ですから、多くの植物では、花が咲いているときに、葉っぱがあります。でも、ヒガンバナでは、秋に真っ赤な花を咲かせるとき、葉っぱが見当たりません。不思議なことに、葉っぱが存在しないのです。

この植物の葉っぱは、花がしおれてしまったあとに、細く目立たない姿で生えてきます。

冬になると、野や畑の畦（あぜ）などには、細くて長く、少し厚みをもった濃い緑色をしたヒガンバナの葉っぱが、何本も株の中央から伸び出てきて茂ります。

「なぜ、寒い冬に、ヒガンバナはわざわざ葉っぱを茂らせるのか」と不思議に思えますが、冬には、多くの植物が枯れています。ですから、冬の野や畑の畦（あぜ）で葉っぱを茂らせていると、他の植物たちと生育するための土地を奪い合う必要がないのです。生育地での〝密〟を避けているのです。

冬に茂ったヒガンバナの葉っぱは、四月から五月に、暖かくなって他の植物たちの葉っぱが茂り出すころ、枯れてすっかり姿を消します。そのあと、葉っぱがつくった栄養を使って秋に花が咲くのです。ヒガンバナは、多くの植物たちが姿を消す冬に葉っぱを茂らすことで、他の植物たちと生育する土地を奪い合う競争を避け、〝密〟の状態を逃れているのです。

ヒガンバナは、こうした術（すべ）を身につけて、他者と〝密〟になってする競争を避けてきたのです。

これらの三つの〝密〟を避ける工夫以外にも、肥沃な土地の奪い合いをせず、生育地での〝密〟を避ける植物があります。これについては、次項で紹介します。

必要は発明の母！

他の植物たちと生育する場所をずらすことで、〝密〟を避けている植物がいます。昆虫などの小さな動物を捕らえて、栄養を吸収する植物たちで、これらは「食虫植物（しょくちゅうしょくぶつ）」といわれます。ですから、「食虫植物は、虫を食べるという、獰猛（どうもう）な生き物である」と考えられがちです。しかし、食虫植物には、生き残るために、昆虫を食べざるを得ない事情があったのです。

食虫植物として人気者のハエトリグサを例に、昆虫を食べるのもやむを得なかった事情を紹介します。この植物はモウセンゴケ科に属し、原産地は北アメリカです。「ハエトリソウ」や「ハエジゴク」などの名前で、園芸店などで販売されることもあります。

この植物の葉っぱは、二枚貝が開いたような状態で向き合っています。二枚の葉っぱのまわりには、トゲがいっぱい生えています。一枚の葉の中には三本のトゲのような「感覚毛（かんかくもう）」とよばれる毛があります。ハエなどの虫がこの毛に触れると、二枚の葉がピタンと合わさるようにすばやく閉じて、葉と葉の間に閉じ込めてしまいます。この葉は、「捕虫葉（ほちゅうよう）」とよばれます。

多くの植物は、光合成によって、生きるためのエネルギーや成長のための栄養を得ています。それに対し、食虫植物は「虫を捕らえて、食べて栄養としている」といわれます。そのため、「食虫植物は、光合成をしない」と思われがちです。

しかし、そうではありません。ハエトリグサは、いかにも動物のように生きているという印象がありますが、この植物は、ふつうの植物と同じように、光合成のための光を吸収する色素である、緑色のクロロフィルをもっています。ですから、食虫植物は光合成を行います。「食虫植物は、虫を食べるから、光合成をしない」というのは、誤解なのです。

食虫植物であるハエトリグサは、光合成を行いますから、日当たりの良い場所を好んで生活します。この植物は、「虫から栄養を得る」と思われていても、十分な光と水があれば、光合成をするのです。

ですから、成長や生きるためのエネルギーとなるデンプンは、自分でつくることができます。そのため、光合成でつくることができるデンプンを求めてはいません。それなら、「なぜ、虫を捕らえて食べるのか」という疑問がおこります。

実は、ハエトリグサが虫から手に入れているのは、タンパク質などの窒素を含んだ物質です。植物が生きていくために必要なタンパク質やクロロフィル、遺伝子などをつくるためには、窒素が必要なのです。

ハエトリグサは、タンパク質などをつくるために必要な窒素を、虫から取り入れる方法を身につけました。ちなみにこの方法は、そんなに突拍子もないものではありません。私たち人間も、窒素を含むタンパク質などの栄養を、ウシやブタ、ニワトリや魚の肉から取っています。

ふつうの植物は、窒素を含んだ養分を、土の中から吸収します。そのため、私たちが植物を栽培するときには、土の中に不足しがちな窒素、リン酸、カリウムを三大肥料として、土に与えます。

では、「なぜ、ハエトリグサは、根から窒素を含んだ養分を吸収しないのか」という疑問が浮かびます。

実は、この植物の原産地は、北アメリカの窒素の養分をあまり含まない痩せた土地なのです。そのため、ハエトリグサは、土の中から窒素という養分を十分に吸収できません。そこで「虫のからだから、窒素を含んだ物質を取り込む」という能力を身につけたのです。そうすることで、肥沃でない土地にでも生きていけるようになったのです。

ふつうの植物は、そのような養分が乏しく痩せた土地では生きていけません。ですから、「そんなしくみを身につけてまで、肥沃でもない土地に生きる利点はあるのか」との疑問が残ります。

その答えが、他の植物と〝密〟になって育つことを避けることなのです。ハエトリグサは虫を捕らえ、虫から窒素を含むタンパク質を摂取する方法を身につけることによって、決して〝密〟にはならない自分だけの生育地を確保したのです。

虫を捕らえるハエトリグサ

「虫を食べて、窒素を含む栄養を取り込む」という能力を身につければ、生育地を奪い合う競争をせずに他の植物たちが育つことができない土地で、〝密〟にならずに、生きていくことができるからです。

「必要は、発明の母」ということわざがあります。〝発明王〟といわれる、トーマス・エジソン（一八四七〜一九三一）の言葉といわれることがあります。でも、ほんとうは、もう少し古く、一七二六年に、イギリスの小説家、ジョナサン・スウィフトが出版した『ガリバー旅行記』の中に出てきたものとされます。

ハエトリグサは、もっと古くから生きているでしょうから、このことわざを知っていたはずはありません。しかし、ハエトリグサのもつ、虫を捕らえる捕虫葉は、このことわざの一つの例といえるでしょう。

ハエトリグサ以外にも、成長するための養分があまり含まれていない、肥沃でない土地に、積極的に自給自足で暮らしてきた植物があります。この植物については、次項で紹介します。

窒素を得るために共生!

「緑肥作物の代表」といわれる植物があります。レンゲソウです。植物の葉っぱや茎などの緑の部分が、土に埋め込まれて肥料となるものを「緑肥」といい、緑肥として使われる植物は「緑肥作物」とよばれます。長い間、レンゲソウは、「緑肥作物の代表」として利用されてきました。

「なぜ、レンゲソウが、緑肥作物の代表なのか」との疑問が浮かびます。レンゲ畑に元気に育つレンゲソウの根を土からそっと引き抜くと、根に小さな粒々がいっぱいついています。この粒々は「根粒」といわれ、その中には、「根粒菌」という菌が住んでいます。この根粒菌がすばらしいはたらきをするのです。

植物が栽培されるときには、肥料が施されます。その肥料の中でも、窒素肥料は特に必要です。なぜなら、窒素は、葉っぱや茎の緑の色素であるクロロフィルのほか、タンパク質や遺伝子などをつくるために必要な物質だからです。

窒素は、気体として、空気中の約八〇パーセントを占めます。もし植物が空気中の窒素を利用できたら、植物に窒素肥料を与える必要はありません。しかし、ほとんどの植物は、空気中の窒素を窒素肥料として利用できないのです。そのため、私たちが植物に窒素肥料を与えなければならないのです。

ダイズの根についた根粒

しかし、レンゲソウが根の粒々の中に住まわせている根粒菌は、空気中の窒素を窒素肥料に変えることができるのです。根粒菌は、根の粒の中で、空気中の窒素を窒素肥料に変えて、それをレンゲソウに与えます。

このおかげで、レンゲソウは、窒素が少なく、肥沃でない土地にでも、いのちを守り生きていくことができます。この植物は、不足する養分を、根粒菌とともに暮らすことで手に入れているのです。「根粒菌の助けを借りているから、自給自足ではないのではないか」との思いも浮かびます。

ところが、レンゲソウは、根粒菌に助けられているだけではありません。この植物は、生きていくために必要な栄養分を根粒菌に与えて、ともに生きていくという、いのちの守り方をしているのです。これは、「共生(きょうせい)」といわれます。「レンゲソウは、根粒菌を養うことで、自給自足の生活を続けている」といえます。

第三章　いのちを守るために駆使される性質としくみ

植物たちは、自分たちのいのちを守り、生涯をまっとうするために、「動きまわらない」「何も語らない」「密にならない」という、三つの方策を身につけています。しかし、それだけではありません。植物たちは、動きまわらずに、自分たちのいのちを守るために、他のものに頼らないことを心得ています。

第二章で紹介したように、動物は食べものを得るために動きまわりますが、植物たちは、食べものを自給自足する能力をもっていました。逆にいえば、食べものを自給自足する力をもっているからこそ、植物は動きまわる必要がないのです。

動物は、食べものを得るためだけでなく、自分のいのちが危険にさらされるときにも、それを避けるために動きまわります。一方、植物たちは、いのちを守るために、移動したり、逃げたり、隠れたりしません。植物たちは動きまわることなく、危険や危機を回避し、自分を防衛する自己防衛の術を身につけて、自分のいのちを守っています。

海から上陸して、約四億七〇〇〇万年間、自分のいのちを守り、いのちをつないできている植物たちは、いのちを守る方策を身につけているはずです。本章では、植物たちが、いのちを失うような危険や危機を回避するために、どのような性質をもっており、どのようなしくみを駆使しているのかを紹介します。

植物たちが、自分のいのちを守る自己防衛の術を駆使するのは、主に三つの局面に分けられます。一つ目は、暑さや寒さの気温の変化や、夏の強い紫外線に対する防衛です。二つ目は、虫やカビ、病原菌に対する防衛です。三つ目は、動物に食べられたり、私たち人間に引きちぎられたり、刈られたりすることに対する防衛です。

(一) 動きまわらず、環境の変化に〝自己防衛〟

何百年もいのちを守り続けるタネ

植物たちにとって、毎年必ず出会わなければならない、いのちを失うような環境は、寒さに弱い植物たちにとっては、冬の寒さであり、暑さに弱い植物たちにとっては、夏の暑さです。しかし、植物たちは、寒さや暑さに出会っても、それらから逃れるために動きまわることはありません。

その代わりに、冬の寒さに弱い植物たちは、寒さをしのぐために、夏から秋に花を咲かせてタネをつくります。アサガオやコスモスたちです。冬には、葉っぱや茎は枯れてしまいますが、子孫であるタネにいのちを託して、タネの姿で寒さをしのぐのです。

それに対し、夏の暑さに弱い植物は、夏の暑い期間を、暑さに強いタネで過ごします。そのために、春に花を咲かせ、暑くなるまでにタネをつくり、その姿で暑さをしのぐのです。春に花を咲かせた草花は、タネをつくって、夏に姿を消しています。

夏には、緑の植物が多いので、姿を消した植物は目立ちません。しかし、ナノハナやサクラソウ、スイートピーやカーネーションなど、春に花を咲かせた草花の姿を、夏に見ることはできません。

タネには、いろいろな役割がありますが、その大切な一つは、いのちを失うような環境に耐えて生きのびることです。タネは、葉っぱや茎がある植物の姿をしていると、いのちを失うような暑さや寒さに耐えて、何年も生きのびることができるのです。

では、「タネは、ふつうならいのちを失うような、都合の悪い環境に耐えて、ほんとうに生きのびることができるのか」との疑問が生じます。この疑問を納得させる、いくつかの実例があります。

たとえば、「大賀ハス」とよばれるハスのタネです。一九五一年、千葉県千葉市検見川の弥生時代の遺跡から、三粒のハスのタネが発掘されました。それらがまかれると、そのうちの一粒が発芽して成長し、花を咲かせました。

このハスは、それを栽培した大賀一郎博士の名前にちなんで「大賀ハス」と名づけられています。一九五四年には、千葉県の天然記念物に指定されました。大賀ハスは、弥生時代から約二〇〇〇年の間、遺跡の中でじっと生きのびてきたタネから生まれたのです。

大賀ハスのように、約二〇〇〇年も前のタネが発芽するというのは、極端な例かもしれません。でも、「遺跡から出土した数百年前のタネが発芽した」という話題は、たびたびマスコミに取り上げられます。

たとえば、一九九一年には、栃木県足利市の法界寺跡から、約六〇〇年前の室町時代のシラカシのタネが出土しました。シラカシはブナ科の常緑樹で、「どんぐり」を結実する「カシ（樫）」の一種です。この実の中にあるタネは発芽し、成長をはじめました。このタネは約六〇〇年間、生きて、発芽のチャンスを待ち続けていたことになります。
一九九七年の春には、京都府宇治市にある平等院鳳凰堂の庭園の発掘調査で、やはり室町時代のツバキのタネが見つかりました。平等院鳳凰堂は、一〇円玉のデザインに使われています。

このタネは、いっしょに見つかった木製品などといっしょに、通常の保存法にしたがい、少し水が入ったビニールのパックに入れられて収納されました。その三ヵ月後、タネが発芽していることが発見されたのです。

この芽生えは、宇治市植物公園で育てられ、二〇〇三年の春には、はじめて大きくて真っ赤な花を咲かせました。その後も、毎年花を咲かせており、「室町椿」と命名されています。

これらの事実は、「タネは、発芽しなければ都合の悪い環境に耐え、長い寿命を保つ」ということを示しています。このような話題になるほど長く寿命をもち続けられるのは、まれな例かもしれません。

しかし、一般的にタネは、悪条件に耐え、発芽せずに発芽のチャンスを待ち続けられる性質をもっています。タネがつくられる理由の一つは、そのためです。それゆえ、植物たちは、いのちを失うような環境に備えて、タネをつくるのです。

季節の訪れは、夜の長さで予知する！

植物たちがタネをつくるには、花を咲かせねばなりません。花を咲かせるには、ツボミをつくり、それを成長させなければなりません。そのためには、ある程度の日数が必要です。花が咲いても、タネができるまでに、さらに、ある程度の日数がかかります。つまり、寒くなってから、あるいは、暑くなってから、あわててツボミがつくられ、花が咲いていては、間に合わないのです。

多くの草花や雑草類では、花が咲いても、タネが結実するまでに一、二ヵ月が必要です。寒さに弱い植物たちのタネは、冬の寒さがくるまでにつくられなければなりません。また、夏の暑さに弱い植物たちは、夏暑くなるまでに、花を咲かせ、タネをつくらなければなりません。

植物たちは、季節による気温の変化がおこる前に、寒さや暑さの訪れを予知しなければならないのです。そのために、季節とともに変わる昼と夜の長さの変化を利用するのです。植物たちは、昼と夜の長さをはかって、その長さに反応して、ツボミをつくり、花を咲かせます。

冬の寒さに弱い植物は、冬が近づき、昼が短く夜が長くなると、ツボミをつくるのです。「ほんとうに、昼と夜の長さを目安にして、寒さの訪れが前もってわかるのか」という疑問が浮かびます。その答えは、「イエス」です。

六月下旬の夏至の日を過ぎてから、昼が短くなり、夜が長くなりはじめます。昼がもっとも短くなり、夜がもっとも長くなるのは、冬至の日で一二月の下旬です。それに対し、もっとも寒いのは二月です。

昼と夜の長さの変化は、気温の変化より、約二ヵ月先行しておこっているのです。ですから、冬の寒さに弱い植物は、夏から秋にかけて変化する昼と夜の長さをはかることによって、冬の寒さの訪れを、約二ヵ月前に知ることができるのです。

夏の暑さに弱い植物の場合も同様です。一二月下旬の冬至の日を過ぎると、昼が長く夜が短くなりはじめます。昼がもっとも長く、夜がもっとも短くなるのは、夏至の日です。この日は、六月の下旬です。それに対し、もっとも暑いのは八月です。ですから、夏の暑さに弱い植物は、昼と夜の長さをはかることによって、夏の暑さの訪れを、約二ヵ月前に知ることができるのです。

このように、昼と夜の長さに反応する性質は、「光周性（こうしゅうせい）」といわれます。しかし、一日は、二四時間と決まっていますから、昼と夜の長さはいっしょに変化します。昼が短くなれば、夜が長くなり、昼が長くなれば、夜は短くなります。そのため、「昼と夜の長さに反応する」といっても、昼の長さと夜の長さの、どちらに反応しているのかはわかりません。

そこで、どちらが大切なのかが調べられています。たとえば、秋に花を咲かせるキクを使った実験を紹介します。キクは、昼が長く夜が短い初夏（たとえば、一六時間の昼と八時間の夜）には、ツボミをつくらず、花を咲かせません。秋になって、昼が短くなり夜が長くなると、ツボミがつくられ、花が咲きます。

秋になって、ツボミがつくられ、花が咲くのに、昼が短くなることが大切なのか、夜が長くなることが大切なのかを知るための実験では、一日を二四時間と決めずに、昼と夜の長さを変化させます。

夏のような短い夜の長さ（たとえば、八時間）をそのままにして、長い昼を短くしていきます。しかし、ツボミはつくられません。

逆に、長い昼（たとえば、一六時間）をそのままにして、短い夜を長くしていきます。すると、夜の長さが約一〇時間を過ぎると、ツボミがつくられ、花が咲きます。

キクが秋に花を咲かせるのは、昼の長さが短くなってきたからではなく、夜の長さが長くなってきたからだということがわかります。

光周性においては、昼の長さより、夜の長さのほうが大切なのです。ですから、春に花を咲かせる植物では、短くなる夜に反応して、ツボミがつくられて、花が咲いているのです。秋に花を咲かせる植物では、長くなる夜の長さに反応して、ツボミがつくられて、花が咲いているのです。

植物たちは、気温ではなく、夜の長さによって季節に反応しているのです。夜の長さに反応して、ツボミをつくり、花を咲かせる利点には、年ごとに、夜の長さの変化が狂うことなく正確なことがあります。

夜の長さの変化に対し、春や秋の気温は、年ごとに、変わりやすいものです。「今年の秋は、暖かい」と思っていたら、突然、冬の寒さが訪れることがあります。こんなとき、もし植物たちが気温をあてに暮らしていたら、冬の寒さに耐える準備ができないまま冬を迎えることになります。

植物たちは、いのちを守るために、あてにできない気温の変化よりも、毎年狂わない夜の長さの変化を、季節の訪れの予知に利用しているのです。ただし、季節の通過を確認するのは、温度を感じることによってです。次項で、紹介します。

季節の通過は、温度を感じて確認する！

植物たちは、季節が通過していくことは、自分のからだで季節の温度を感じることで確認します。特に、春に活動をはじめる植物たちにとっては、冬が過ぎていくことを確認することは大切です。そのため、冬の寒さを体感することで、冬の通過を確認します。二つの例を紹介します。

一つは、春に花を咲かせる花木類(かぼく)です。その代表はソメイヨシノであり、ここでは、このサクラの春の開花のしくみを紹介します。もう一つの例として、春に花を咲かせる草花や野菜、ムギなどが、冬の寒さを感じて、春に花を咲かせる現象を紹介します。

ただ、二つの現象はともに、植物にとっては、季節の訪れの予知と季節の通過の確認の両方が伴うものです。そのため、温度だけでなく、光周性も関与しています。季節の訪れの予知には、光周性が使われ、季節の通過の確認には、冬の寒さが使われていることを理解してください。

ソメイヨシノでは、春に葉っぱが出る前に、花が咲きます。そのためには、春に葉っぱが出るまでに、ツボミができていなければなりません。

ツボミは、開花する前の年の夏につくられるのです。でも、そのまま成長して秋に花が咲いたとしたら、すぐにやってくる冬の寒さのために、タネはできず、子孫を残すことができません。そこで、秋に、硬い「越冬芽（えっとうが）」がつくられ、その中にツボミは、包み込まれて、冬の寒さをしのぎます。

越冬芽は、「冬芽」ともよばれ、寒さに耐えるためのものですから、寒くなる前につくられなければなりません。そのために、ソメイヨシノは光周性を使います。光周性は、夜の長さに反応する性質であり、草花のツボミの形成を支配しましたが、越冬芽の形成にもはたらいているのです。光周性の復習になりますが、次のことを確認してください。

夜の長さがもっとも冬らしく長くなるのは、冬至の日で、一二月の下旬です。一方、寒さがもっともきびしいのは、二月ころです。夜の長さの変化は、寒さの訪れより、約二ヵ月先行しているので、夜の長さをはかれば、寒さの訪れを約二ヵ月先取りして知ることができるのです。

夜の長さを感じるのは、「葉っぱ」です。一方、越冬芽は「芽」につくられます。とすれば、葉っぱが長くなる夜を感じて「冬の訪れを予知した」という知らせは、「芽」に送られなければなりません。

そこで、夜の長さに応じて、葉っぱが、「アブシシン酸」という物質をつくり、芽に送ります。芽にアブシシン酸の量が増えると、ツボミを包み込む越冬芽ができるのです。植物は、光周性によって、夜の長さの変化で季節の訪れを予知し、その先に備えていのちを守るという生き方を身につけているのです。

このようにして、冬には、ソメイヨシノをはじめ、多くの樹木の芽は、越冬芽となり、硬く身を閉ざしています。しかし、一方で、越冬芽は、春になると、いっせいに芽吹き、花を咲かせます。

この現象を見て、「なぜ、春になると、ソメイヨシノは花咲くのか」と問いかけてみます。すると、多くの人から、即座に、「春になって、暖かくなってきたから」という答えが返ってきます。

ソメイヨシノが花を咲かせるためには、暖かくならなければなりません。ですから、この答えは誤りではありません。しかし、ソメイヨシノは、暖かくなったからといって、花を咲かせるものではありません。

たとえば、秋にできた越冬芽をもつ枝を、冬のはじめに暖かい場所に移しても、花が咲きはじめることはありません。気温が低いという理由だけで、冬に花が咲かないのではないのです。

このように、暖かさに出会っても花を咲かせないソメイヨシノは、〝眠っている〟状態であり、「〝休眠〟している」と表現されます。越冬芽は、「休眠芽」ともいわれ、冬のはじめには、〝眠り〟の状態にあります。

すでに紹介したように、秋に越冬芽がつくられるときに、アブシシン酸が葉っぱから芽の中に送り込まれています。アブシシン酸は、休眠を促し、花が咲くのを抑える物質です。ですから、これが越冬芽の中に多くある限り、暖かくなったからといって、花が咲くことはないのです。

花が咲くためには、越冬芽が〝眠り〟の状態から目覚める必要があります。そのためには、越冬芽の中のアブシシン酸がなくならなければなりません。

この物質は、冬の寒さに出会うと、分解されて徐々になくなります。ということは、花が咲くためには、まず寒さにさらされなければならないのです。冬の寒さの中で、アブシシン酸は分解され、越冬芽は、眠りから目覚めます。そのときは、まだ寒いので、越冬芽は、目覚めたまま、暖かくなるのを待ちます。

目覚めた越冬芽には、暖かくなってくると、「ジベレリン」という物質がつくられてきます。ジベレリンは、越冬芽が花を咲かせるのを促します。そのため、暖かくなると、花が咲きはじめるのです。

春にソメイヨシノの花が咲くという現象の裏には、秋に光周性で越冬芽をつくり、冬の寒さを感じることで、冬が通り過ぎたことを確認し、越冬芽が目覚めるというしくみが存在するのです。春の暖かさにだけ反応して花を咲かせるように見える現象には、冬の到来を予知し、冬の通過を確認するしくみも、はたらいているのです。

これは、ソメイヨシノだけではなく、春に花咲く多くの花木類、ウメやコブシ、ハナミズキなどに共通の性質です。

いのちを輝かせるために、きびしい寒さの中で準備する！

春になると、畑で収穫されずに残されていたダイコンやキャベツが、茎を伸ばし、花を咲かせます。これが、春の訪れを告げる「薹（トウ）が立つ」という現象です。「トウ」とは、花を咲かせるために伸びる茎のことです。

この現象は、暖かくなったことが原因と思われがちですが、暖かさを感じる前に、ダイコンやキャベツが冬の寒さを体感していることが大切なのです。もし冬の寒さを体感しなければば、春になっても、トウが立たず、花は咲きません。

寒さを体感するのは、成長してからでなくても、発芽したばかりの芽生えのときでもいいのです。たとえば、ダイコンのタネに、「適切な温度、水、空気」という発芽の三条件を与えて、発芽させます。発芽した小さな芽生えを約一ヵ月間冷蔵庫などに入れ、寒さを感じさせます。そして、この芽生えを暖かい場所に移植すると、茎が伸びて花が咲きます。

ところが、発芽させたあと、芽生えに寒さを感じさせないで、暖かい場所に移植すると、いつまでも花は咲きません。これは、「幼いときに冬の寒さを体感したことを、成長してトウが立つまで記憶している」という現象です。

植物が、一定期間、寒さを体感することで、花を咲かせるようになる性質を「春化（しゅんか）（バーナリゼーション）」といいます。植物にとっては、冬の通過を確認したあとに、花を咲かせるための性質です。

ですから、ダイコンは、寒さで春化され、その後、暖かくなると、花が咲きます。花が咲くと、タネをつくるために、花のほうに栄養が移動するので、ダイコンの食用部の味が落ちてしまいます。

そのため、ダイコンの栽培では、秋にタネをまいて、春に収穫するときには、春化させないようにします。ダイコンの畑の畝をビニールでトンネル状に覆い、その中で植物を栽培するのです。トンネルの中では、昼間の強い太陽を受けて、冬でも、かなり温度が上がります。そのため、春化に十分な冬の寒さを夜に受けていても、昼の高温でその効果は打ち消されます。暖かいトンネルの中で栽培されるダイコンは、春になっても花を咲かせられません。

冬の寒さを体感して、冬が通過したことを確認したあとで、暖かくなると花を咲かせる性質をもっているのは、ダイコンやキャベツだけではありません。

コムギやオオムギには、秋にタネをまく秋まき性の品種があります。これは、秋にタネをまくと、翌年の春に花が咲き、初夏に実がなり収穫されます。しかし、秋に発芽するので、冬の間に〝麦踏み〟をしなければなりません。

麦踏みというのは、寒風の吹きすさぶ麦畑の中で、人が秋に発芽した芽生えを踏みつけていくのです。「根が霜で切れないようにするため」とか、「踏みつけることで強い芽生えにするため」とかいわれます。

麦踏みは、ひと昔前には、冬の麦畑で見られる風物詩だったのです。近年、ムギが栽培されていても、人が麦踏みをする姿は見かけなくなりました。でも、麦踏みは別のかたちで行われています。トラクターなどが使われて、芽生えは踏みつけられています。

「寒い冬にムギをわざわざ踏みつける作業をしなければならないのなら、春にタネをまけばいいのに」と思われます。しかし、冬の寒さを体感し、冬の通過を確認しなければ、春になっても花が咲かず、実ることがないのです。

コムギやオオムギでは、麦踏みという作業があるので、春化という現象が理解されやすいです。でも、春化されなければ、春に花が咲かない植物は多くあります。ダイコンやキャベツ、ハクサイ、ニンジン、タマネギなどの野菜や、スミレ、サクラソウ、ストックなど春咲きの植物です。

このように野菜や草花、ムギなど、多くの植物たちが、寒さを体感することで、冬の通過を確認して、春に花を咲かせています。そのことを知ると、「温暖化が進んで、暖冬になると、春化処理を受けられないので、これらの植物は、花を咲かせなくなるのか」との疑問が浮かびます。

温暖化の程度と、それぞれの植物が春化に必要な低い温度との関係で決まりますが、「春化されないような暖冬だと、ツボミができないので、花は咲かない」というのは、正しい答えです。

このように、植物たちは、寒さや暑さに対応して、いのちを守り、生きていくために、昼と夜の長さに反応する「光周性」という性質を身につけて、季節の到来を予知しています。そして、温度を体感し、季節の通過を確認しています。

温度は、植物にとっては、季節の通過を確認するだけのものではありません。植物は、夏の暑さや、冬の寒さと実際に戦わなければなりません。植物たちが、季節により変化する温度に反応し、それらと戦いながらいのちを守っている例を、次項で紹介します。まず、夏の暑さに対する植物たちの反応です。

夏の強い日差しと暑さに負けずに生きる術とは?

近年、地球の温暖化は、着実に進行しています。二〇一六年一月、アメリカの海洋大気局(NOAA)は、「二〇一五年の世界の年間平均気温が一四・八〇度となり、観測記録が残る一八八〇年以降、最高を記録した」と発表しました。さらに、その翌年の二〇一六年の世界の年間平均気温は一四・八四度となって、それを上まわったと話題になりました。

また、アメリカ航空宇宙局(NASA)の二〇一八年の発表では、一八八〇年以降、もっとも平均気温が高かった年を並べてみると、二〇一四年から二〇一八年までの五年間が、一位から五位までを占めています。ということは、近年、平均気温が確実に上昇しているということです。

これらは、地球の温暖化が世界的に進行していることの兆候です。日本の国内でも、近年、最高気温が、二五度を超える「夏日」や、三〇度を超える「真夏日」だけでなく、三五度を超える「猛暑日」が増えてきています。また、夜になっても最低気温が二五度より下がらない「熱帯夜」も多くなってきました。

このような夏の猛暑の炎天下で、多くの人々が「熱中症」になります。救急車で病院に搬送される人が年々増加し、家庭で飼われるイヌや動物園で飼育されるサルやクマなどの熱中症も心配されています。

自然の中で育つ植物たちも、強い太陽の光と暑さの影響を受けます。そこで、「植物たちは、熱中症にかからないのか」との疑問がもたれます。熱中症という言葉が適切かどうかは別にして、猛暑のために、植物たちのからだが弱ることはあるでしょう。

でも、私たちが心配しなければならないほど、夏に育つ植物たちが、猛暑に困ることは少ないはずです。なぜなら、植物たちは光周性という性質を身につけているので、そもそも、夏の暑さに弱い植物たちは、暑さが来る前の春に、子孫であるタネにいのちを託して、姿を消しているからです。

一方、夏の猛暑の中で育つ植物たちの多くは、暑い地方が原産地です。ですから、暑さに強い植物たちなのです。そのため、熱中症になることを心配するよりは、夏の暑さの中で先祖の生まれ故郷に思いを馳せているはずです。しかし、暑い地方の出身であっても、夏に繁茂するには、暑さに耐えるしくみが必要です。

昼間、太陽の光が強いとき、植物たちは、光合成に使う光を吸収するために、葉っぱを広げています。そのため、葉っぱには強い日差しがまともに照射し、葉っぱは、かなりの熱を吸収して、温められます。葉っぱの温度は、「体温」ではなく「葉温」とよばれますが、かなり高くなってしまうでしょう。

葉っぱでは、デンプンをつくる光合成が行われます。この反応を進めるためには、多くの酵素とよばれる物質がはたらいています。これらの酵素は、温度が高くなりすぎると、はたらかなくなる性質があります。

すると、植物は、光合成ができなくなり、いのちをなくします。そのため、葉っぱの温度が高くなりそうな場合、葉っぱは、温度が上がらないように抵抗します。その方法は、葉っぱが汗をかくことです。

葉っぱの表皮にある小さな穴である、「気孔」から水を盛んに蒸発させるのです。水が蒸発するときには、葉っぱから熱を奪っていくので、葉っぱの温度が下がります。人間が汗をかいて、体温の異常な高まりを抑えるのと同じです。

といっても、葉っぱが汗をかく姿は見られません。葉っぱのかく汗は、葉っぱの表皮から水蒸気となって蒸発するので、ふつうには目に見えません。でも、その気になれば、葉っぱ

暑い地方が原産地の植物

キュウリ	熱帯アジア（インド）
ナス	熱帯アジア（インド）
シソ	熱帯アジア（インド）
ゴーヤ	熱帯アジア（インド）
ヘチマ	熱帯アジア（インド）
トウガン	熱帯アジア（インド）
エダマメ	中国東北部・東南アジア
オクラ	アフリカ北東部
スイカ	アフリカ南部
モロヘイヤ	アフリカ北部
ピーマン	中南米
トマト	南米（ペルー）
パプリカ	中南米
シシトウ	中南米
トウガラシ	中南米（メキシコ）
サツマイモ	中南米（メキシコ南部・ペルー）
トウモロコシ	中南米（メキシコ・ボリビア）
カボチャ	中南米（メキシコ・グアテマラ）
ズッキーニ	中南米
インゲンマメ	中南米
ハイビスカス	ハワイ・マスカレン諸島
キョウチクトウ	インド
フヨウ	東アジアの暖地
ムクゲ	インド・中国
サルスベリ	中国南部
ケイトウ	熱帯アジア
ホウセンカ	東南アジア
アサガオ	熱帯アジア
コスモス	メキシコ
オシロイバナ	熱帯アメリカ

の汗を見ることができます。

透明か半透明の薄いビニールの袋を、太陽の強い光が当たっている葉っぱにかぶせ、袋の口をひもでしばっておきます。数十分もすれば、袋の内側一面に小さな水滴が現れてきます。これが葉っぱがかいた汗であり、植物たちが暑さと戦っている証なのです。

次項では、温度と戦いいのちを守っている二つ目の例として、冬のきびしい寒さの中で、緑に輝き続ける樹木が、冬の訪れを前に、どのような努力をしていのちを守っているかを紹介します。

きびしい寒さの中で、緑に輝き続けるために、努力する！

秋になると、多くの樹木の葉っぱは枯れ落ちます。ところが、冬の寒さの中で、緑に輝き、生き続ける樹木があります。マツやモミ、ツバキやサザンカ、キンモクセイなどです。これらは「常緑樹」といわれます。

昔から、「どうして、冬の寒さの中で、これらの樹木は緑の葉っぱのままで過ごせるのか」と、不思議に思われてきました。昔の人々は、冬の寒さに出会っても枯れずに、緑のまま、いのちを守り続ける樹木を、「永遠のいのち」の象徴として、崇めてきました。

近年では、常緑樹は身近に多くあり、私たちは見慣れています。そのため、「冬の寒さの中で、どうして、緑の葉っぱのままで過ごせるのか」と、不思議に思われていそうにありません。そこで、あえて、「なぜ、冬に、常緑樹の葉っぱは緑色のままでいられるのか」と質問してみると、多くの場合、即座に答えが返ってきます。

「なぜ、そのようなわかりきったことを、わざわざ質問するのか」というような怪訝な表情とともに、「寒さに強いから」という簡潔な答えが返されるのです。たしかに、寒さに強いのは事実ですから、この答えは間違いではありません。しかし、きわめて物足りない答えです。

なぜなら、この答えは、常緑樹が寒さに耐えるためにしている努力や、しくみに触れていないからです。寒さに強い植物は、何の努力もなしに、また、何のしくみももたずに、寒さに強いわけではありません。

たとえば、夏の緑の葉っぱは、冬のような低い温度にさらされると、寒さで凍って枯れてしまいます。ということは、一年中、同じ緑色のままであっても、葉っぱは、冬の寒さに向かって、冬に凍らない性質を身につける努力をしているのです。

これらの葉っぱは、冬に向かって、葉っぱの中に凍らないための物質、たとえば、「糖分」を増やします。糖分は、甘みをもたらす成分で、「砂糖」の仲間と考えて差し支えありません。

葉っぱが糖分を増やす意味は、ふつうの水と、砂糖水とで、どちらが凍りにくいかを比べれば、わかります。砂糖水のほうが、凍りにくいのです。そして、溶けている砂糖の濃度が高ければ高いほど、凍りにくくなります。

つまり、葉っぱの中の水分に糖が多く含まれるほど、葉っぱの凍る温度が低くなるのです。これは、「凝固点降下（ぎょうこてんこうか）」という現象です。「凝固点」というのは、凍る温度であり、「降下」は、低くなることです。ですから、「凝固点降下」は、凍る温度が低くなることです。

実際には、冬に向かって、糖分だけでなく、ビタミンやアミノ酸などの物質も葉っぱの中の水分に多く溶け込まれます。そのため、それらによる凝固点降下の効果により、ますます凍りにくくなります。

冬の寒さを緑のままで過ごす植物たちは、こんな原理を知って実践しているのです。外から見れば何の変化もなく、「寒さに強いから、ずっと緑色をしている」と思われがちな常緑樹の葉っぱは、寒さに耐える工夫を凝らして生きているのです。

緑のままで冬の寒さを越す葉っぱがこのような工夫をしていることを知ると、「冬の緑の葉っぱを食べると、甘いのだろうか」との疑問が浮かびます。でも、確かめないでください。植物たちは、動物に食べられてはたまらないので、糖分やビタミン、アミノ酸だけでなく、苦かったり、えぐかったり、有害な物質も葉っぱに含んでいます。ですから、食べると、嘔(おう)吐(と)したり、下痢をしたりする可能性が高いです。

「寒さに耐えるために、葉っぱの中に糖分を増やす」というしくみは、冬の寒さに耐える多くの植物に共通のものです。ですから、確かめるのなら、野菜で確認してください。たとえば、冬の寒さを通り越したダイコンやハクサイ、キャベツなどは、「甘い、旨(うま)い」といわれます。糖分やビタミン、アミノ酸などが増えて、甘みや旨みが増しているのです。

紫外線からの自己防衛

植物たちは、太陽の強い日差しが降りそそぐ中で暮らしています。特に、春から夏には、植物たちは太陽の強い紫外線にさらされます。そんな中で、植物たちは、いのちを守って生きていきます。多くの植物たちが、日焼けもせずに、すくすく成長し、美しくきれいな花を咲かせ、実やタネをつくります。

一方、私たちは、紫外線が有害であり、シミやシワ、白内障の原因になることを知っており、もっとひどい場合には、「皮膚ガンをひきおこす」のではと心配します。そのため、帽子をかぶったり、日傘をさしたり、サングラスをかけたりして、紫外線を避けます。

紫外線は、私たち人間にも植物たちにも、同じように有害なのです。紫外線は、からだに当たると、「活性酸素」という物質を発生させます。この物質は、私たち人間には、「老化を急速に進める」とか、「生活習慣病、老化、ガンの引き金になる」などといわれます。活性酸素とは、私たちのからだの老化を促し、多くの病気の原因となる、きわめて有毒な物質なのです。

私たち人間のからだには、紫外線が当たるからだけではなく、激しい呼吸やストレスでも活性酸素が発生します。植物たちにも、紫外線が当たると、〝活性酸素〟は発生するのです。私たちと植物たちは、「からだに発生する活性酸素の害を、どのように逃れるのか」という同じ悩みをもって生きているのです。

植物たちは、この悩みを自分で解決しています。自然の中で、紫外線に当たりながら生きていくために、からだの中で発生する「活性酸素」を消去する術を身につけているのです。そのために、植物たちがつくり出す物質が「抗酸化物質」とよばれるものです。

抗酸化物質の代表は、ビタミンCとビタミンEです。私たちは、ビタミンCやビタミンE

を栄養として摂取する大切さを知っており、それらが植物たちのからだに含まれていることもよく認識しています。ですから、それらを含んだ野菜や果物を積極的に食べます。

ビタミンCは、カキやイチゴ、レモンなどの果物に多く含まれています。ビタミンEは、アーモンド、ピーナッツ、カボチャなどの果実に多く含まれています。これら以外の多くの植物たちも、花や果実などに、ビタミンCやビタミンEを多かれ少なかれ含んでいます。

「植物は、活性酸素への対策のためだけに、これらの物質をつくっているのか」と問われると、「そのためだけです」というわけではありません。ビタミンCやビタミンEは、植物が円滑に成長していくためのさまざまな役割を担って、からだの中ではたらいています。しかし、そのようなはたらきの中でも、活性酸素を消し去るというのは、植物たちが動きまわらずに紫外線からからだを守るために特に大切なことなのです。

植物たちは、自分のいのちを守るためだけでなく、生まれてくる新しいいのち（子孫）を、紫外線から守らなければなりません。植物たちのいのちは、私たち人間に比べると、取るに足らない小さなものと思われがちです。しかし、植物たちも同じ生き物です。だから、私たちと同じしくみで生き、同じ悩みをもち、その悩みを克服するために日々頑張っているのです。

花や果実の色素は、いのちを守っている！

植物たちは、ビタミンCやビタミンEのほかにも、紫外線の害を打ち消す抗酸化物質をもっています。それが花や果実に含まれている色素です。花や果実の色素は、抗酸化物質なのです。

その一つがアントシアニンです。これはポリフェノールと総称される物質の一種なので、ポリフェノールという言葉で代用されることもあります。

アントシアニンは、多くの植物の赤い花と青い花の色素です。バラ、アサガオ、シクラメン、サツキツツジなどの赤い花の色はこの色素によるものです。ツユクサ、キキョウ、リンドウ、ペチュニアなどの青い花の色も同じです。

オシロイバナ、ケイトウ、マツバボタンなどの赤い花は、ベタレインという色素によりますが、この色素により赤い花を咲かせるのは、ごく限られた種類の植物です。この色素も抗酸化物質です。

もう一つのよく知られている抗酸化物質が、カロテノイドという黄色の色素です。カロテノイドの代表的な物質が、カロテンです。キクやタンポポ、マリーゴールドなどの黄色い花の色は、この色素によるものです。

このように、植物たちは、花の色の中にアントシアニンやベタレイン、カロテノイドという、きれいな色の抗酸化物質をもって、花を美しく装っています。その理由の一つは、目立つ色でハチやチョウを呼び寄せるためです。

もう一つの理由も、これに勝るとも劣らないくらい大切なものです。それは、花びらにたくさんの抗酸化物質である色素を含んで、花の中でできるタネを紫外線の害から守ることです。

抗酸化物質は、果実になっても、はたらいています。ブドウやナス、ブルーベリーの赤みや青みを帯びた果実の色は、アントシアニンによるものです。カキやパプリカ、カボチャの果肉の黄色い色は、カロテノイドによるものです。

このように、果実がきれいな色をしている理由の一つは、動物に食べてもらうためです。タネができあがっていない間は食べられては困りますから、果実は、目立たないように、葉とよく似た緑色をしています。その後、タネが成熟してくると、果実はきれいな色になって、「もうおいしくなっていますよ」と、動物にアピールすることによって、食べてもらうのです。

動物が果実を食べてくれると、その場にタネをまき散らし、タネごと食べてくれたら、どこかで糞（ふん）といっしょにまいてくれます。これは、植物たちが動きまわることなく新しい生育地を獲得する一つの方法です。だから、果実がきれいな色をしていることは、植物たちには大切な意味をもっているのです。

果実がきれいな色をしているもう一つの大切な理由は、花びらに含まれる色素の場合と同様に、果皮や果肉に含まれる多くの色素で、果実の中のタネを紫外線の害から最後まで守るためです。

花や果実が抗酸化物質で色づいているのは、タネを紫外線から守っている姿なのです。ですから、花の色は強い太陽の光が当たれば当たるほど、紫外線の害を消すために、ますます濃くきれいな色になります。

「高山植物の花の色は、濃い原色できれいだ」といわれます。高い山には、紫外線が多く当たるので、そうなっているのです。紫外線が多いという逆境の中で、植物たちの花はますます美しく魅力的になります。

また、ナスやトマト、リンゴなどの果実は、強い太陽の光に当たると、ますます濃くきれいな色になります。植物たちは、有害な紫外線がガンガンと照りつけるという逆境に抗（あらが）って、多くの色素をつくり出すのです。

(二) 虫やカビ、病害虫に耐えるために駆使されるしくみ

植物のいのちを守る防御物質とは?

自然の中では、植物たちには、大きな動物に食べられたり、小さな虫にかじられたり、カビや病原菌に感染されたりするというリスクが常にあります。動物なら逃げたり、人間なら薬を飲んだりするのですが、植物たちは、そのようなことをしません。植物たちはそれらに対し、自分のいのちを守るために、多種多様な防御機構を備えています。

植物たちが自分のいのちを守るためにもっているものとして、わかりやすいものに、トゲが思い浮かびます。たしかに、鋭いトゲや細かいトゲがあれば、植物たちは、からだを守れることは納得できます。実際に、多くの植物たちが、トゲをもっていのちを守っています。

ヒイラギ、ヒイラギモクセイ、ヒイラギナンテン、アロエなどは、葉っぱに鋭いトゲをもちます。バラ、カラタチ、オジギソウ、アリドオシなどは、茎や枝に鋭いトゲを生やしています。クリやオナモミは、果実にトゲを備えています。そのほかにも、サボテン、ワルナス

ビ、イラクサなどが、トゲを身につけてからだを守っています。

このような植物たちのトゲは、比較的大きな動物にかぶりつかれるように食べられることを防ぐのには役に立つでしょう。しかし、小さな虫にかじられることを防ぐのには、効果が少なそうです。そこで、小さな虫たちに嫌がられそうな味を、葉っぱや茎や果実の中に潜ませている植物が多くあります。

小さな虫の味覚がどのようなものかは想像できませんが、渋みや辛み、えぐみや酸み、苦みなどが代表的な嫌がられそうな味です。多くの植物たちが、このような味がする成分を身につけていのちを守っています。

渋みとしては、クリやカキのタンニンがあります。辛みは、トウガラシのカプサイシンや、ダイコンのイソチオシアネート、サンショウのサンショール、ショウガのジンゲロールなどが知られています。えぐみはタケノコのホモゲンチジン酸、酸みではカタバミ、イタドリ、ギシギシ、スイバなどのシュウ酸があります。

苦みでは、ナノハナのケンフェロールや、ゴボウのクロロゲン酸、ゴーヤのモモルデシンやチャランチンなどが知られています。ピーマンやキュウリなど、ウリ科の果実には、ククルビタシンという苦みの成分が含まれています。しかし、その量が少ないので、私たち人間には、害にならないのですが、量が増えると、人間にとっても有害物質になります。たとえば、同じウリ科のヒョウタンには、この物質が多く含まれています。そのため、ヒョウタンは食用の野菜とはされません。ヒョウタンから苦みの少ないものとして、ユウガオが生まれ、これは食べられる植物として、巻き寿司(ずし)などに入れるカンピョウの原料となっています。

ところが、このユウガオが思い出したように本性を発揮するのか、あるいは、虫にかじられることが刺激となっているのかは定かではないのですが、多量のククルビタシンを含むことがあるのです。

このため、ほぼ毎年、この植物を食べて、食中毒の騒ぎがおこります。たとえば、二〇二〇年七月にも、長野県安曇野(あずみの)市の農産物直売所で「ユウガオ」を買って食べた男女二人が嘔吐や下痢などの症状で、一時、入院するという食中毒事件がおこっています。

ヒョウタンがククルビタシンをもつように、多くの植物たちが有毒な物質をもつことはよく知られています。代表的な植物たちと、それらが身につけている物質名は、表にまとめておきます。

果実や葉っぱをかじられると、ネバネバの液を出す植物があります。たとえば、ヤマイモ

ウメ	バラ科	アミグダリン、プルナシン
ビワ		アミグダリン、プルナシン
ポインセチア	トウダイグサ科	フォルボールエステル
トウゴマ		リシン
ヘチマ	ウリ科	ククルビタシン
ヒョウタン		ククルビタシン
ユウガオ(かんぴょう)		ククルビタシン
ズッキーニ		ククルビタシン
ツルレイシ(ゴーヤ)		ククルビタシン
フキ(フキノトウ)	キク科	ピロリジジンアルカロイド
アジサイ	アジサイ科	青酸?
キョウチクトウ	キョウチクトウ科	オレアンドリン
ナンテン	メギ科	ナンテニン、ナンジニン、ドメスチン
ソテツ	ソテツ科	サイカシン
ユーカリ	フトモモ科	青酸
ヨウシュヤマゴボウ	ヤマゴボウ科	フィトラッカトキシン
イチョウ(銀杏)	イチョウ科	メトキシピリドキシン
シマツナソ(モロヘイヤ)	アオイ科	ストロファンチジン
ジンチョウゲ	ジンチョウゲ科	ダフネトキシン
ニチニチソウ	キョウチクトウ科	ビンカアルカロイド
アサガオ	ヒルガオ科	ファルビチン
ランタナ	クマツヅラ科	ランタニン
イヌサフラン	イヌサフラン科	コルヒチン
ジギタリス	オオバコ科	ジギトキシン
ワラビ	コバノイシカグマ科	プタキロサイド
サンショウ	ミカン科	サンショオール
カロライナジャスミン	ゲルセミウム科またはマチン科	ゲルセミシン、ゲルセミン

有毒な物質をもつ、主な植物たち

植物名		毒　物
シャクナゲ	ツツジ科	ロードトキシン
アセビ		アセボトキシン、グラヤノトキシン
トリカブト	キンポウゲ科	アコニチン
カワチブシ		アコニチン
クリスマスローズ		ヘレブリン、サポニン
ヒガンバナ	ヒガンバナ科	リコリン、ガランタミン
スイセン		リコリン
ベラドンナ	ナス科	アトロピン
チョウセンアサガオ		アトロピン、スコポラミン
ジャガイモ		ソラニン、チャコニン
トマト		トマチン
タバコ		ニコチン
ハシリドコロ		ヒヨスチアミン、アトロピン、スコポラミン
オモト	スズラン亜科	ロデキシン
スズラン		コンバラトキシン
エニシダ	マメ科	スパルテイン
インゲンマメ（シロインゲンマメ）	マメ亜科	レクチン
フクジュソウ	キンポウゲ科	アドニン、シマリン、アドニトキシン
シュウメイギク		プロトアネモニン
ラナンキュロス		プロトアネモニン
アネモネ		プロトアネモニン
ウルシ	ウルシ科	ウルシオール
マンゴー		マンゴール

やナガイモ、オクラなどです。「糖たんぱく質」と表現される物質や、食物繊維のペクチンなどの成分が、ネバネバの性質をもつ物質として知られています。果実や葉っぱをかじった虫のからだにネバネバの物質が絡まると、虫は動けなくなったり呼吸がしにくくなるので、これらの物質は、虫にかじられることを防ぐのに役に立つと考えられます。

虫にかじられた部分に、かさぶたのようなものができ、そのあとの病原菌の侵入を防ぐものもあります。ハガキノキの葉っぱや、バナナの皮などです。これらは、ポリフェノールという成分をもっており、空気中の酸素と反応することにより、黒いかさぶたのような物質ができます。

タンパク質を分解する作用をもった液が果実から出てきたりすることがあります。イチジク、パパイア、メロンなどは、果実にタンパク質を分解する物質をもっています。イチジクはフィシン、パパイアはパパイン、メロンはククミシンとよばれるタンパク質を分解する物質をもっています。これらの物質には、害虫の食害を防ぐはたらきがあることが知られています。

また、白い乳液が出てきたりする植物があります。タンポポではラテックスとよばれる液、ポインセチアではファルボールやユーフォルビンといわれる物質です。いずれも、毒性があり、食べられないように、植物がいのちを守るのに役立っていると考えられます。

近年、タンパク質を分解する物質がシュウ酸カルシウムという物質といっしょになってはたらくことも明らかにされています。また、クワが出す乳液が虫に食べられることを防ぐことが明らかになっています。これらについて、次節で紹介します。

思いがけない術！

いくつかの野菜には「アク（灰汁）」があります。渋かったり、苦かったり、えぐかったりする味です。植物たちがアクを身につけることは、害虫に食べられることからいのちを守る一つの方法と考えられます。いろいろな物質がアクになることが知られています。

その一つの物質が、シュウ酸カルシウムというものです。たとえば、サトイモでは、イモやズイキとよばれる葉柄の部分を顕微鏡で見ると、針のようにトゲトゲとした物質があります。これが、シュウ酸カルシウムの「針状結晶」とよばれます。

サトイモの皮を剝く（むく）と手がかゆくなったり、ズイキを生に近い状態で食べたりすると、舌や喉の奥がトゲで刺されたようにチクチクと感じることがあります。これはシュウ酸カルシウムの細い結晶が刺さったためといわれます。この物質は、害虫に食べられる食害から、植物のいのちを守るはたらきがあると考えられてきました。

この物質は、パイナップルやキウイフルーツでは、もう一つの成分と合わさって、害虫による食害からいのちを守っていることが、近年、明らかにされています。

もう一つの成分とは、先に紹介したタンパク質を分解する物質です。パイナップルでは、ブロメラインやブロメリンとよばれ、キウイフルーツでは、アクチニジンとよばれる物質です。パイナップルやキウイフルーツでは、シュウ酸カルシウムとタッグを組んで、虫による食害からいのちを守っているのです。

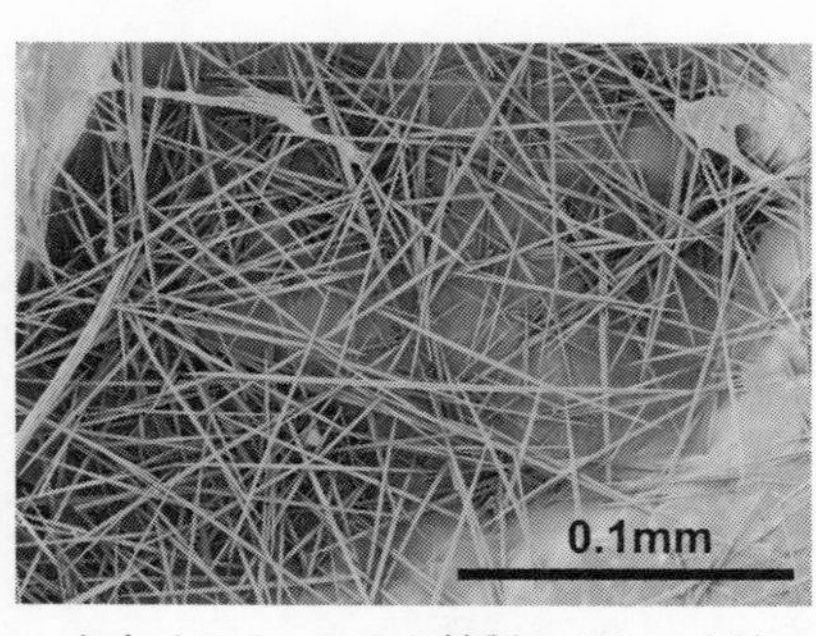

キウイフルーツから精製したシュウ酸カルシウム（写真・農研機構）

近年、独立行政法人農業生物資源研究所（生物研）で、キウイフルーツやパイナップルが害虫から身を守るしくみが解明されました。シュウ酸カルシウムの針状の結晶とタンパク質を分解する物質の両方の物質を同時に葉に塗ってガの幼虫に食べさせたところ、一日後に九割弱が死にました。針状結晶だけでは死なず、タンパク質を分解する物質だけの場合も最大約二五パーセントが死んだだけでした。

このはたらき方は、私たちにもわかりやすいものです。パイナップルやキウイフルーツを多く食べると、「舌がチクチクと感じる」という経験をしている人は多くいます。それが、シュウ酸カルシウムの針状の結晶とタンパク質を分解する物質によってもたらされるものです。

舌の表面には、ヌルヌルとした感触があります。これは、舌の表面がタンパク質を含んだ液で覆われているからです。ところが、パイナップルを多く食べると、タンパク質を分解する物質によって、舌の表面を覆っていたタンパク質が溶かされます。

すると、食べたものが直接に舌に触れるため、舌が敏感になります。シュウ酸カルシウムの「針状結晶」が、タンパク質が溶かされて敏感になった舌の表面に直接触れて、チクチクと感じるのです。

これだけでなく、動物に食べられる食害に対して、植物たちが、葉や茎に有毒な物質を含んで、いのちを守ることがよく知られています。一方、ある植物が特定の動物にだけ食べられるのにはそれぞれ理由が説明されています。

たとえば、ユーカリはコアラだけに食べられます。ユーカリは青酸という毒物をもっており、コアラだけが腸内細菌によりそれらを無毒化する力をもっているからです。

クワは、カイコ（カイコガ）に食べられます。そのため、カイコを飼育するためのエサになります。この植物の葉は、やわらかく栄養に富みます。ところが、自然の中で、カイコ以外の昆虫には食べられていません。「なぜ、カイコ以外にはあまり食べられないのか」と不思議に思われてきました。

そこで、独立行政法人農業生物資源研究所と独立行政法人食品総合研究所（現・農研機構食品研究部門）の研究グループは、エリサンやヨトウガなどの野生のカイコの幼虫にクワを食べさせました。その結果、幼虫は、数日以内に死んだり、成長が極端に悪くなったりしました。

クワの葉をかじると、乳液が出ます。そこで、クワの葉を細切りにし、切ると出てくる乳液を洗い落として食べさせると、野生のカイコの幼虫は死ぬこともなくよく成長しました。ということは、クワの葉の乳液の中に虫の嫌がる成分が含まれているということです。一方、カイコは、クワの葉から乳液を除去しなくてもよく成長しました。

二〇〇六年にこのような現象が報告されていたのですが、二〇一八年にはその乳液の中に特定のタンパク質が見出され、そのタンパク質を食べると、カイコ以外の幼虫は成長が著しく悪くなるということが発見されました。

虫やカビ、病害虫に耐えるには？

トゲや有毒物質は、植物がいのちを守るのに役に立ちます。でも、自然の中は、それだけでいのちを守り切れるほど、気楽なものではありません。そのため、植物たちは、いろいろと工夫を凝らし、多種多様のしくみを備えています。フィトンチッド、ファイトアレキシン、アレロパシー物質などは、そのために植物が身につけている物質です。

植物の葉や幹から放出される香りは、フィトンチッドとよばれます。「フィトン」とは、ギリシャ語で「植物」を指し、「チッド」は、ラテン語で「殺す」という意味です。つまり、「フィトンチッド」は、植物がカビや病原菌を遠ざけたり、退治したり、繁殖を抑えたりするための香りです。

一九三〇年ころ、旧ソビエト連邦のレニングラード大学のB・P・トーキン博士は、「植物は、からだからカビや細菌を殺すいろいろな物質を出し、自分のからだを守っている」という考えを提唱しました。その物質とは、香りです。

この香りを、助けを求める叫び声に使う植物があります。たとえば、キャベツです。この野菜は、かじられたときに、香りを放って、いのちを守ることがよく知られています。キャベツには、モンシロチョウが卵をよく産みつけます。卵からアオムシが生まれ、アオムシはキャベツをかじります。

キャベツは、何も抵抗しなかったらかじられてしまうので、ある方法で抵抗していることが、わかってきています。かじられたキャベツは、そこから香りを出すのです。その香りは、人間には感じられませんが、アオムシコマユバチ（アオムシサムライコマユバチともよばれる）というアオムシの幼虫に卵を産むハチが大好きな香りなのです。

その香りが漂ってくると、アオムシコマユバチが飛んできて、アオムシのからだの中に卵を産みつけます。その卵はアオムシのからだの中の栄養を吸収して大きくなるので、アオムシは死んでしまいます。ということは、キャベツは、その香りに「助けてくれ」という思いを込めて放出し、ハチに助けてもらうのです。

「ファイトアレキシン」は、植物が病原体と戦うための物質です。「ファイト」は、戦いや闘志を意味する「fight」と思われがちです。しかし、ここでの「ファイト」は、先に述べたフィトンチッドの「フィトン」と同じくギリシャ語由来で植物を意味します。「アレキシン」は防御物質の意味なので、「ファイトアレキシン」は植物がつくり出す防御物質ということになります。

病原体が植物たちのからだに侵入したら、そのとき、植物たちは、いのちを守るために、たいへん敏感に驚くような反応を見せることがあります。侵入を受けた細胞が、すぐに自分から死んでしまうのです。自分が死ぬことで、死んだ自分のからだの中に侵入してきた病原体を封じ込めるのです。

また、自分が死ぬときに、まわりの細胞に、「病原体の侵入を受けたので、病原体をやっつける物質をつくりはじめよ」という合図を送ります。まわりの細胞は、その合図を受けて、病原体と闘うための物質をつくりはじめます。その物質が、ファイトアレキシンなのです。

植物たちが、自分たちのなわばりを守るために、自分の仲間でない種類の植物の発芽や成長を阻害するためにまき散らす物質もあります。この現象は「アレロパシー」といわれ、日本語では「他感作用（たかんさよう）」と訳されています。この原因となる物質が、アレロパシー物質です。

この物質を有名にしたのは、帰化植物のセイタカアワダチソウです。五〇〜六〇年前、この植物は、猛威をふるって、空き地や野原に繁茂しました。当時、「なぜ、この植物はこんなに繁茂できるのか」と、不思議がられました。それに対し、主に三つの説明がなされました。

一つ目は、「この植物は帰化植物なので、日本に天敵や病害虫がいないためである」というものでした。二つ目は、「この植物は、種子でも増え、地下茎でも増える。しかも花の咲く時期が長く、つくられる種子の数も多い。また、地下茎の伸びる速度も速く、四方八方に広がっていくから」というものでした。三つ目は、「この植物は、群生し、背が高いために、その群落の中は暗く、他の植物の種子が発芽し、成長するのがむずかしいから」というものでした。

これらの性質が合わされば、この植物のものすごい繁茂も納得できそうです。ところが、さらに、この植物が、他の植物の発芽や成長を抑える秘密があばかれたのです。この植物は、他の植物の発芽や成長を妨害する物質を、自分のまわりにまき散らしていたのです。その物質は、シス・デヒドロマトリカリア・エステルというアレロパシー物質です。そのため、まわりに他の植物が生えなかったのです。

(三) 宿命に対して、からだをつくりなおす術

食べられる宿命に対して

地球上のすべての動物の食べものは、植物たちによって賄われています。たとえ肉を食べ

ている動物がいるといっても、その肉がどのようにしてつくられたかをさかのぼると、植物たちがつくり出したものに由来しています。

ということは、地球上に動物がいる限り、植物たちには、動物に食べられるという宿命があるのです。まして、植物たちが、食べられることを目的に栽培されている場合には、収穫されることは仕方がありません。

そのため、植物たちは「ちょっとくらいなら、食べられてもよい」と覚悟しなければなりません。ですから、多くの植物たちは、食べられるという宿命に備えて、いのちを守るためにからだをつくりなおす術を身につけています。特に、家庭菜園で栽培されていて、「何度も収穫できる」といわれる野菜では、その術が顕著に見受けられます。

たとえば、シュンギクという野菜があります。関西地方では、キクナとよばれます。これはキク科の植物で、原産地は地中海沿岸地方です。主に、日本や中国で栽培されています。キクの花は秋に咲きますが、この野菜はキクのような花を春に咲かせることが、シュンギク（春菊）という名前の由来となっています。あるいは、葉の形がキクの葉に似ているので、キクナ（菊菜）といわれます。

この野菜は、葉や茎が食用になる部分であり、鍋料理に欠かせません。そのほかに、和（あ）え物、天ぷら、おひたしなどにも使われます。カロテンや、ビタミンB群、ビタミンCが豊富に含まれており、「食べる風邪薬」といわれることもあります。カルシウム、カリウム、鉄分などのミネラルも多く含有されています。

シュンギクはタネがまかれてから二ヵ月ほどで、収穫されます。株の上の部分が収穫され、株の下方の葉っぱは残されます。葉のつけ根には芽がありますから、その芽から茎が出て葉が展開します。ですから、また収穫される状態になります。一株で、年に三〜七回収穫されるといわれます。シュンギクには、収穫されても、からだをつくりなおす力が備わっているのです。

また、アシタバという植物があります。葉っぱにビタミンやカロテンを多く含みます。これは、伊豆七島あたりが原産地といわれる植物です。そのため、英語名でも、日本名の「アシタバ」がそのまま使われています。セリ科に属し、「今日、若い葉を摘んでも、明日には芽から若葉を出す」という意味で「アシタバ（明日葉）」と名づけられている、成長力が強い植物です。

その茎を切ると出てくる黄色の液は、ポリフェノールの一種で抗酸化物質である「カルコン」を含んでいます。そのため、健康に良い野菜として人気になり、近年、春から秋まで収穫されて市販されています。

野菜だけが摘まれるのではなく、チャの木も葉っぱが摘まれます。茶畑では、三月中旬に新芽が出て新しい葉を展開し、五月初旬に茶摘みが行われます。このとき、摘まれた葉が、新茶となります。そのあとに出てきた葉が、五月下旬以降に摘みとられ、二番茶や三番茶となります。

このように、摘みとられても、摘みとられても、植物たちは、葉っぱを展開して生やしてくる性質をもっているのです。このしくみは、次の項で紹介します。

もし、花を摘みとられたら？

私たちは、花の美しさに魅せられ、花を摘みとったり切り花にしたりすることがよくあります。そんなとき、植物たちがせっかく咲かせた花を切り取るのは、植物のいのちの輝きを奪い取るという、すごくひどいことをしているようで、心苦しく感じることがあります。

しかし、私たちが胸を痛めるほど、植物たちは花を切り取られることを気にしていないはずです。植物たちには、花を切り取られても、もう一度、からだをつくりなおし、いのちを復活させるという力が隠されているからです。

その力は、「頂芽優勢」といわれる性質に支えられています。成長する植物の茎の先端部分には、芽があります。この芽は、もっとも先端を意味する「いただき（頂）」という文字を「芽」につけて、「頂芽」とよばれます。植物では、この頂芽の成長がよく目立ちます。

しかし、茎を注意深く観察すると、芽は、茎の先端だけでなく、先端より下にある葉っぱのつけ根にも必ずあります。これらの芽は、頂芽に対して、「側芽」、あるいは、「腋芽」とよばれます。側芽は、ふつうには、頂芽のように勢いよく伸び出しません。

頂芽の成長は、勢いがすぐれており、側芽の成長に比べて優勢です。この性質が、頂芽優勢とよばれるものです。発芽した芽生えでは、この性質によって、頂芽がどんどんと成長をして、次々と葉っぱを展開します。

摘みとられる花や切り花にされる花は、多くの場合、頂芽の位置にあります。一本の茎の先端に花を咲かせているキクやヒマワリは、その典型的な例です。頂芽が花になっているとき、花をつけている茎を切り取って切り花にすると、残された茎の下方には、葉っぱが何枚か残ってついています。

その葉っぱのつけ根には、花が切り取られるまでは、側芽とよばれていた芽があります。上にあった花と茎が切り取られると、今度は、側芽の中で一番上にあったものが、一番先端

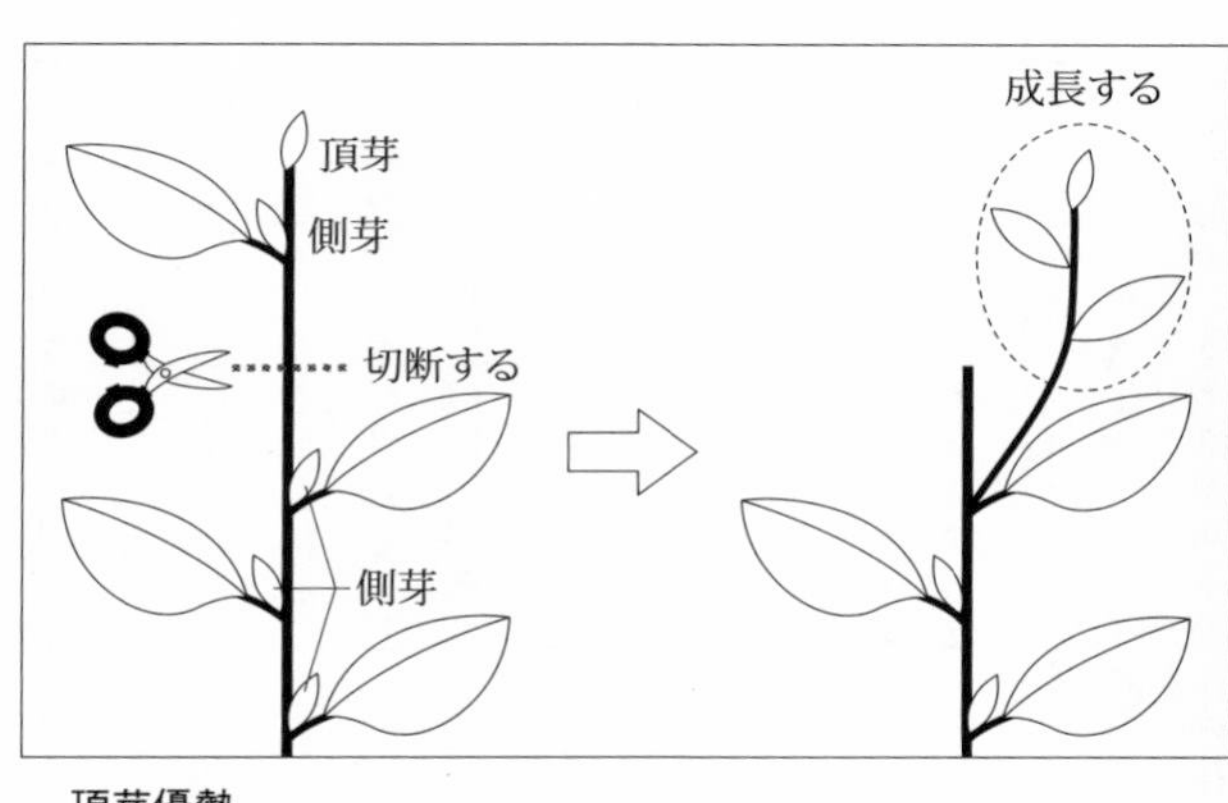

頂芽優勢

の芽となります。すなわち、頂芽となるのです。

　すると、頂芽優勢によって、その芽が伸び出します。花が咲く季節なら、その芽にツボミができて、花が咲きます。あるいは、側芽のときにすでにツボミはできており、頂芽が存在するために、成長できなかっただけかもしれません。いずれにしても、この植物は、再び花を咲かせます。

　先端の花が摘みとられても、切り花として切り取られても、残された植物では、一番上になった側芽が頂芽として伸び出し、花が咲くのです。これが、「植物たちは、花を摘みとられることや切り取られることを、それほど気にしていない」と思われる理由です。

　このことを知ると、花を摘みとったり切り花にしたりするときに、私たちが感じる心苦しさは、軽くなります。頂芽の花を切り取ることは、それまで成長を抑えられていた側芽に、成長のチャンスを与えることになるからです。これらは、頂芽に咲いた花が切り取られなければ、りっぱに花咲くことなく生涯を終える運命にあったものです。

切り取った花を無駄にすることなく、花として価値ある使い方をすることで、心苦しさは心の晴れやかさに変わるでしょう。切り取られた花や枝は喜ぶはずです。そして、控えていた芽は、表舞台に出る機会を与えられたことになるのです。

前項で、シュンギクやアシタバ、チャなどは、葉っぱや芽を収穫されても摘みとられても、また、もとの姿に戻ることを紹介しました。これらの現象も、ここで紹介した、植物たちがもつ頂芽優勢によるものなのです。

もし、地上部をむしり取られたら？

タンポポやオオバコなどは、生涯を特徴的な姿で過ごします。その特徴的な姿とは、茎を伸ばさず、株の中心から放射状に多くの葉っぱを、地面を這(は)うように広げる姿です。葉っぱは、なるべく重ならないように出てきます。

そのため、葉っぱがバラの花の花びらのように相互にずれて重なりあっています。この姿は、バラ（rose）の花のように見えることから、バラの英語名「ローズ」にちなんで、「ロゼット（rosette）」とよばれます。

ロゼットの状態になる植物では、芽は地表面と同じくらいの高さにあります。たとえば、タンポポやオオバコのような植物は、この構造により、葉っぱをつくり出す大切な芽を守っているのです。

タンポポのロゼット

ウマやウシ、シカやクマなどの大きな動物が、これらの植物の地表面にある芽を、むしり取って食べるのは困難です。葉っぱは食べられても、芽は動物に食べられずに残ります。残った芽からは、葉っぱが再び生えてきます。葉っぱを食べられても、もう一度、つくりなおす力が植物たちにはあるのです。

私たちがタンポポやオオバコなどの雑草を退治しようとするときには、葉っぱをむしり取ります。しかし、何日かすると、これらの雑草たちは、何ごともなかったかのように、葉っぱを生やしてきます。葉っぱはむしり取られても、葉っぱをつくり出す芽は温存されているからです。

タンポポやオオバコは、春になって、茎が伸び出しても、背丈を高くすることはありません。しかし、多くの植物にとっては、ロゼットは、春になると茎を伸ばす植物の冬の姿でもあります。冬を越すために、多くの植物がこの姿を利用しています。

たとえば、スイバやギシギシ、ハルジオン、ヒメジョオン、セイタカアワダチソウなどの雑草が、秋に発芽して、ロゼット状態の姿で、冬に地面にへばりつくように葉っぱを広げます。この姿の利点は、葉っぱを大きく広げているので、光を十分に受けられることです。

葉っぱは重ならないように放射状に広がっているので、冬の快晴の日のおだやかな太陽の光を、それぞれの葉っぱは無駄なくいっぱいに受けることができます。その光で、光合成が行われ、栄養をつくり出すことができるのです。

ロゼットの状態で冬を越せば、春に暖かくなってから発芽をはじめる植物たちより、早く成長をはじめることができます。すぐに背丈を伸ばし、他の種類の植物を自分の陰にして、光が当たりにくくします。

葉っぱがロゼット状態で広がっていると、面積は小さいのですが、その範囲がその植物の〝なわばり〟になります。他の植物の成長を妨げることはあっても、自分たちが他の種類の植物の陰になることはありません。ということは、冬をロゼットの姿で過ごすのは、春の成長に備えて、自分の生育する場所を確保していることになります。

また、冬の寒さや乾燥は、地面から高くなるにつれてきびしく、地表面近くではやわらいでいます。ですから、ロゼット状態の姿をしていれば、地面の近くで、寒さや乾燥をしのげます。また、葉っぱは、地面にへばりついていると、冷たい風をあまり受けません。

ロゼット状態で冬を越すと、このような利点があるのです。そのため、ロゼットは、植物たちが〝いのちを守る力〟を巧みに隠している姿といえます。

もし、地上部を引き抜かれたら？

植物には、「引き抜かれても、また生えてくる」といわれるものがあります。ほんとうに、「引き抜かれても、また生えてくる」というような植物があるのでしょうか。

ふつうに考えると、「引き抜かれても、また生えてくる植物などいないだろう」と思われます。ところが、ほんとうに、そのような植物がいるのです。土の中で、〝地下茎〟というものを横に伸ばしている植物たちです。

多くの植物の茎は、上に伸びて地上に出ていますから、引き抜かれたら生えてくることはありません。でも、地下茎は、地上には姿を見せずに、地中を這うように横に伸びる茎です。この茎は、土の中を横に伸びながら、新しい芽や葉を生み出し、地上部へ生やしていきます。だから、地上部が引き抜かれても、地下茎は生きています。

「根絶できない」といわれる名立たる雑草の多くは、地下茎を利用しています。ヒルガオ、ワラビ、ドクダミ、スギナ、イタドリ、ゼンマイ、シロツメクサ（クローバー）などが地下茎を利用している代表的な植物です。

地下茎をもつ雑草は、たとえ地上部を引き抜かれても、生えてくるのです。地上部を引き抜かれたといっても、地下茎から出てきた部分が地下茎から切り離されただけなのです。多くの場合、地下茎まで引き抜かれることはないのです。「引きちぎられる」という表現が正しいかもしれません。

たとえば、ドクダミは、日本を含む東アジア原産のドクダミ科の植物で、暖かい地方の湿り気のある庭の片隅や道端に群生して育ちます。まれに栽培されていることもありますが、多くの場合、雑草と見なされています。心臓にたとえられるような形の葉っぱを揉むと、「デカノイルアセトアルデヒド」という物質を成分とする強い香りが漂ってきます。

この植物は、地上部を引き抜かれても、すぐに芽や葉っぱが出てきます。引き抜かれたといっても、地下茎から出ている葉っぱや、葉をつけるための葉柄という部分が引きちぎられているだけです。土の中には、地下茎がありますから、また、芽が出てきます。

地下茎をもつ植物では、地上部が、引き抜かれるだけでなく、冬の寒さで姿を消しても、刈り取られても、除草剤を散布されて枯らされても、土の中で地下茎が生き続けています。春になると、前の年には植物の姿のなかった場所に、突然に新しい芽や葉っぱが出てくることがあります。地下は気温などの環境変化に影響されにくいため、地中にある根は、冬の寒さなどにも耐えられるだけでなく、成長していることがあるからです。

それだけではありません。鍬（くわ）などで土が耕されるときに、地下茎は切られます。でも、切り離されて地中に残った地下茎の断片は、何ごともなかったように芽を出します。やがて、その芽は一株に育ちます。

このように、地下茎で育っている雑草には、いのちをたくましく守っているという語がふさわしく思われます。しかし、地下茎は、雑草だけにあるものではありません。栽培植物にも地下茎をもつものがあります。

タケやハス、ハーブのペパーミントやスペアミントなどです。私たちは、これらの植物を、地下茎のたくましさを利用して、栽培しています。一度栽培すると、翌年には、放っておいても、　たくましく芽が出てきます。

第四章　いのちをつなぎ、いのちを広げる工夫としくみ

第二章では、植物は、動きまわることなく、自給自足で食べものをつくりあげ、いのちを保つためのエネルギーを得ることを紹介しました。第三章では、動きまわることなく、自分の力による自己防衛で、自分のいのちを守ることを紹介しました。

しかし、いのちを保ち守るだけでは、生き物としての発展はありません。新しいいのちを生み出し、次の世代へいのちをつなぐことが大切です。そして、生き物として発展するためには、そのいのちが広がることが必要です。

本章では、植物たちが、次の世代にいのちをつなぐためにタネ（子ども）をつくり、生育できる地域を広げるいのちを生み出すことに注目します。

いのちが広がるというのは、植物たちの個体の数が増えることだけではありません。植物

たちが生きていく生育地域が、広くなることです。生育地域が広がれば、環境が変わります。

その環境の中でいのちを保っていくためには、いろいろな性質のいのちを生み出さなければなりません。たとえば、寒さに強いとか、暑さに強い性質をもつ植物たちです。植物たちは、次の世代へいのちをつなぎつつ、生育する地域を広げることができるいのちを生み出すために、いろいろな工夫としくみを備えています。

〝他力本願〟という言葉があります。何かを成し遂げるのに、もっぱら他人の力をあてにすることを意味します。多くの植物たちが子孫を残し、次の世代へいのちをつなぐために、花粉をハチやチョウに託して運んでもらうことはよく知られています。

だから、他力本願という語は、多くの植物たちが次の世代へいのちをつないでいく行為にはふさわしいような言葉です。

しかし、ハチやチョウに任せて、〝他力本願〟で子孫を残せるほど、自然の中の生き物の世界は、気楽なものではありません。いのちをつなぎ、いのちを広げるためには、ハチやチョウを自分の力で引き寄せなければなりません。

ハチやチョウを、自分の力で呼び寄せ、次の世代へいのちをつなぎ、新しい生育地域にいのちを広げていくのは、植物自身の力なのです。他力本願でなく、〝自力本願〟なのです。

本章では、植物たちが〝自力本願〟で、いのちをつなぎ、いのちを広げていく工夫としくみを紹介します。

（一）いのちをつなぎ広げるのは、〝自力本願〟

植物は一つの花の中で、いのちを生まないのか？

多くの動物は、オスとメスという個体がおり、二つの個体が合体することで、子どもをつくります。植物にも、動物と同じように、オスとメスの個体が別々のものがあります。イチョウやサンショウ、キウイフルーツやアスパラガス、ホウレンソウなどです。

それに対し、多くの種類の植物たちには、一つの花の中にオシベとメシベがあります。オシベは、オスの生殖器であり、メシベは、メスの生殖器に当たります。そのため、多くの植物たちの花は、両方の性を備えているので、「両性花（りょうせいか）」といわれます。

両性花では、「自分のオシベの花粉が、自分のメシベについて、タネ（子ども）がつくられ、新しいいのちが生まれる」と思われがちです。でも、そうではないのです。多くの植物たちは、自分の花粉を同じ花の中にある自分のメシベにつけて、子どもを残すことを望んでいません。

自分の花粉を、自分の花のメシベにつけることは「自家受粉」といわれ、自家受粉で子どもがつくられることは、「自家受精」といわれます。この自家受精で、子どもをつくる植物があります。イネやエンドウなどです（ただ、これらも、他の個体の花粉がついて子どもをつくる能力をなくしているわけではありません）。

しかし、多くの植物たちは自家受精で子どもをつくることを望みません。自家受精で子どもをつくると、自分と同じような性質の子どもばかりが生まれるからです。

もし自分が「ある病気に弱い」という性質をもっていたら、その性質はそのまま子どもに受け継がれます。自家受精で子どもをつくり続けていると、一族郎党すべてがその病気に弱くなり、もしその病気が流行れば、一族郎党が全滅するリスクがあります。

それだけでなく、自家受精で子どもをつくると、隠されていた悪い性質が発現する可能性があります。たとえば、ふつうに花粉をつくる親であっても、「花粉をつくることができない」という性質を隠しもっていることがあります。

その場合には、親が自家受精で子どもをつくると、子どもには「花粉をつくることができない」という性質が発現してくることがあります。そのため子孫の繁栄につながらないことがあるのです。ですから、多くの植物たちは、自家受精で、新しいいのちを誕生させることを望んでいません。

植物であっても、動物であっても、子どもをつくる目的は、子どもや仲間の個体数を増やすためだけではありません。自分たちのいのちを、次の世代へ確実につないでいくために、いろいろな性質の子どもが生まれることが望まれます。

暑さに強い子ども、寒さに強い子ども、乾燥に強い子ども、日陰に強い子ども、病気に強い子どもなどです。いろいろな性質の子どもがいると、さまざまな環境の中で、どれかの子どもが生き残り、いのちをつなぐことができるのです。

いろいろな性質をもった子どもをつくるために、オスとメスに性が分かれた多くの植物は、自分のメシベに他の株に咲く花の花粉をつけようとします。一方で、自分の花粉は、他の株に咲く花のメシベにつくことを望んでいるのです。

そのために、多くの植物たちは、自分だけで子どもをつくるのを防ぐためのいろいろなしくみを備えています。

いろいろな性質のいのちを生み出すために？

一つの花の中にオシベとメシベをもつ両性花を咲かせる植物であっても、いろいろな性質の子どもをつくるために、一つの花の中のオシベとメシベが、お互いの接触を避けて、子どもをつくるしくみを身につけています。

そのしくみの代表的なものが、「雌雄異熟」とよばれるものです。これは、「一つの花の中にある、メス（雌）の生殖器官に当たるメシベと、オス（雄）の生殖器官に当たるオシベが、異なる時期に成熟する」という意味です。同じ花の中で、オシベとメシベがお互いに成熟する時期をずらせるので、自家受粉で、子どもができる心配がありません。

たとえば、キキョウでは、ツボミが開いた直後には、花の中に、オシベとメシベの姿はありません。数日が経過すると、オシベが出てきて、黄色い花粉をたくさん出します。さらに、数日が経ち、黄色い花粉がなくなるころに、メシベが出てきます。

メシベが成熟した状態になったとき、まわりのオシベにあった花粉は、すっかりなくなっています。そのため、同じ花の中で、自分のオシベの花粉が自分のメシベについて、新しいいのちが生まれることはないのです。

これは、オシベがメシベより先に熟しているので、「オシベ先熟」といわれます。タンポ

キキョウの花　①開花直後、②オシベが先に出てくる、③オシベがしおれ、メシベが出てくる

ポ、ユキノシタ、ホウセンカ、ヤブガラシ、ゲンノショウコ、ヤツデなどが、この性質をもっています。

逆の場合もあります。モクレンでは、花が咲いたときに、花の中央にあるメシベが成熟しています。でも、メシベのまわりにあるオシベは成熟していないので、花粉を出していません。だから、中央の成熟したメシベに、同じ花の中にあるオシベの花粉がつくことはありません。メシベは、別の株の花粉がつくのを待っているのです。

メシベがしおれて子どもをつくる能力をなくしたころに、ようやく、メシベのまわりにオシベが成熟して花粉を出してきます。メシベはしおれていますから、同じ花の中で、オシベの花粉がそのメシベについて子どもができることはないのです。オシベの花粉は、別の株に咲く花のメシベに運ばれることが期待されているのです。

これは、メシベがオシベより先に熟しているので、「メシベ先熟」といわれます。モクレン以外にも、コブシやタイサンボク、サルビア、オオバコなどがこの性質をもっていて、やはり、自分の花粉が同じ花の中の自分のメシベについて子どもができることを避けています。

多様ないのちを生み出すしくみとは?

私たち人間では、精子と卵(らん)が合体して、子どもが生まれます。植物では、人間の精子に当たるものは、花粉の中にあります。多くの植物では、それらは「精子」といわずに「精細胞」といわれます。精子は泳ぐことができますが、精細胞は泳ぐことができません。

人間の卵に当たるものは、植物では卵細胞とよばれますが、メシベの基部にあります。ですから、受粉のあとに、新しいいのちが生まれるためには、花粉がメシベの先端についても、精細胞がメシベの基部にある卵細胞に行きつかなければ、受精が成立しません。ところが、精細胞には、自分自身で泳いで、メシベの先端から基部にある卵細胞に行きつく能力はありません。

ということは、花粉がメシベの先端についても、新しいいのちが生まれるためには、卵細胞のあるところまで精細胞が到達する方法がなければならないのです。卵細胞のあるところまで何かが精細胞を導かないと、精細胞は卵細胞と合体できず、受精が成立しません。

そこで、花粉がメシベの先端についたら、花粉は「花粉管」という管を伸ばしはじめます。花粉管がメシベの基部にある卵細胞のごくかたわらまで伸び、その中を、精細胞を移動させて卵細胞にたどりつかせるのです。

そこで、やっと精細胞は卵細胞と合体し、タネができます。だから、タネはメシベの先端ではなくメシベの基部にできるのです。つまり、花粉がメシベについても、花粉管が伸びなければ、タネはできません。

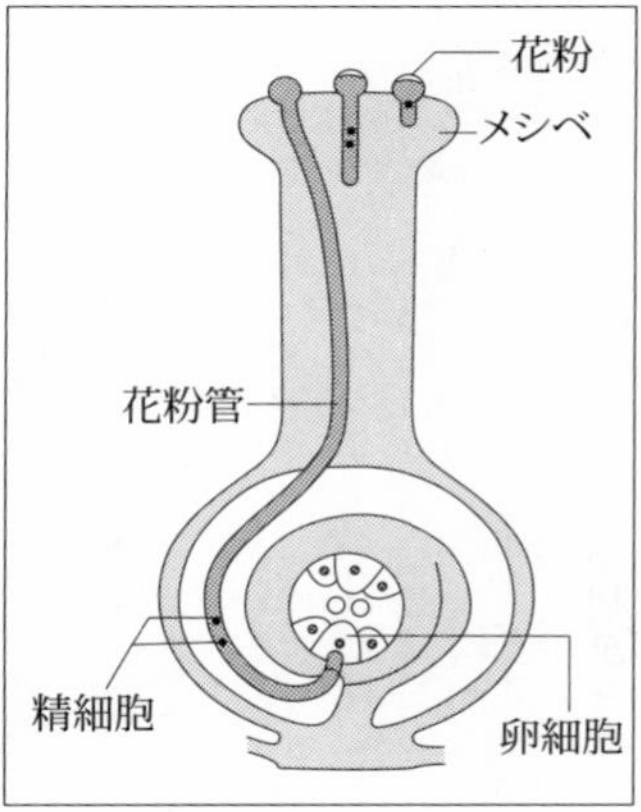

花粉
メシベ
花粉管
精細胞
卵細胞

花粉管の伸びる様子

自家受精で子どもをつくりたくない植物たちは、自家受粉のときには、花粉から花粉管を伸ばさせません。そのため、そのような植物の場合には、花粉の中にある精細胞とメシベの基部にある卵細胞が出会って合体することはありません。ということは、タネはできず、新しいいのちは生まれないのです。

自家受精でタネをつくらないために、いくつかの植物がもつ性質が、この「自家不和合性」というものです。つまり、自分の花粉を自分のメシベにつけても、子どもを残さない、いのちをつながないという性質が、「自家不和合性」なのです。

この性質をもつ植物は、自分の花粉がついた場合には、花粉管を伸ばさせないのです。花粉管が伸びなければ受粉が行われても、受精はできません。植物が、自分の花粉と他の株の花粉を識別しているのです。

自分の花粉ではなく、別の株の花粉がついた場合には、花粉管が伸び、花粉管内の精細胞とメシベの基部にある卵細胞が合体して、タネができます。ですから、「自家不和合性」という性質をもっていると、タネをつくるためには、必ず別の株に咲く花の花粉がつかねばなりません。

自家不和合性は、自然の中を自分の力で生きていく雑草には、大切な性質です。たとえば、ワルナスビ、コヒルガオ、クローバーやススキ、ネズミムギやオニウシノケグサという植物があります。雑草ですから、名前はあまり知られていないかもしれませんが、これらは身近にけっこう生えています。

これらの雑草では、自家受精で、タネはできません。他の株に咲く花の花粉がつかないと、タネができないという性質なのです。ということは、できたタネには、自分の性質と他の株の性質が必ず混じっています。

ですから、いろいろな性質のタネができるはずです。「他の株の性質」と一言で表現しても、自分以外はすべて他の株であり、その数は多く、その性質はそれぞれ異なっています。

一株にできたタネの中には、太陽の強い光が当たる場所を好むものもあれば、少し日陰を好むものもあります。また、湿った場所を好むものもあれば、乾燥した場所を好むものもあります。芽生えの成長が早いものや遅いものがあります。いろいろな違う性質をもつタネが生まれているのです。

これらの雑草は、場所を問わず、どこでも生きていけるし、育っていく素質をもっています。このような雑草は、見かけはほとんど同じですから、どこにでも生えているように見えます。

しかし、実は、同じ雑草の中に、性質の違うものがいっぱいつくられていて、その場所で生きていけるものが、自分に与えられた性質を生かして、懸命に生きているのです。その環境に適応できるいのちだけが紡ぎ出されているのです。雑草だからといって、一つの個体が、どのような環境にでも適応して生きていけるのではないのです。

栽培果樹であるナシやリンゴ、ウメやサクランボなども、自家不和合性という性質をもつ代表的な植物です。また、アブラナ科やキク科、ナス科やマメ科などにも、自家不和合性をもつ植物が多いことが知られています。アブラナの仲間の野菜には、ダイコン、カブ、ハクサイ、キャベツ、ブロッコリーなどいろいろあります。

雄花と雌花を別々に咲かせる植物たち

家庭菜園で栽培されているキュウリやゴーヤでは、「せっかく花が咲いたのに、実をつけずに枯れてしまうが、どうしたらいいか」と悩まれることがあります。花が果実を実らせずにしおれてしまう原因があることもあるでしょうが、多くの場合、これはどうしようもありません。

なぜなら、これらの植物では雄花と雌花が別々なのです。雌花は実をつけますが、雄花は実をつけずに枯れるものです。キュウリやゴーヤのように、一本の株に、オシベをもつ雄花と、メシベをもつ雌花を別々に咲かせる植物は、「雌雄同株（しゆうどうしゅ）」とよばれます。

雌雄同株の植物は身近に多くあります。野菜なら、キュウリやゴーヤをはじめ、カボチャ、スイカ、メロン、ヘチマなどウリ科の植物が雌雄同株です。ほかには、トウモロコシや、栽培草花のベゴニア、雑草のギシギシなどです。樹木なら、スギ、マツ、ヒノキ、モミ、カキ、クリなどです。

雄花と雌花が別々に分かれている場合は、タネは片方にしかできません。また、雄花の花粉と雌花のメシベが出会わないと、タネができません。ですから、子どもを残して、いのちをつなぐという点では、効率の良い方法には思えません。

キュウリの雌花（左）と雄花

「なぜ、そのような効率の良くない生殖の方法をとる植物たちが多くいるのか」と、不思議に思われることがあります。でも、その疑問は、生き物が子どもをつくる意義は、「いろいろな性質の子どもをつくること」であり、「植物たちはいろいろな性質の子どもをつくるのを望んでいる」ことを、思い出してもらえれば解けます。

「それなら、いっそのこと、雄花と雌花が別々の株になってもいいのではないか」との思いが浮かんできます。実際に、そのようになっている植物があります。オシベをもつだけの雄花を咲かせる株と、メシベをもつだけの雌花を咲かせる株が別々の異なった株になっているのです。

これらは、動物がオスとメスの個体に分かれているのと同じです。植物の場合、ふつうには、オスとメスという語を使わず、動物のオスに当たるのが雄株、メスに当たるのが雌株といわれます。雄株と雌株が異なった株であるという意味で、これは「雌雄異株（しゆういしゅ）」といわれます。

雌雄異株の植物では、雄株の花粉が雌株の雌花につくことで、子どもであるタネができます。だから、雄株の個体のもつ性質と雌株の個体のもつ性質が混ぜ合わされて、いろいろな性質の子どもが生まれます。雌雄異株の植物たちは、雌雄同株の植物たちと同じように、「オスとメスに性が分かれた生殖の意義をよくわきまえた植物たち」といえます。

雌雄異株の植物は、身近に意外と多くあります。イチョウには、雄株と雌株があります。子どもであるギンナンができるのは雌株だけで、雄株にはできません。サンショウに雄株と雌株があることはあまり知られていませんが、サンショウは雌雄異株の植物です。

そのほかにも、ソテツ、クワ、アオキ、キウイフルーツ、ハナイカダ、ヤナギ、イチイ、キンモクセイ、ギンモクセイ、ポプラ、ジンチョウゲ、ゲッケイジュなどです。雑草でも、イタドリ、スイバなどが雌雄異株です。これらは、ごく身近に生えている植物です。

野菜にも、「雌雄異株」はあります。アスパラガスやホウレンソウなどです。これらは、花が咲く前に食用として収穫されます。だから、雄花、雌花を目にする機会はほとんどありませんが、雄株、雌株が別々です。

また、春の訪れを告げる代表的な山菜であるフキも雌雄異株です。春早くに「フキノトウ」とよばれるツボミが出てきたときに、それが雄花か雌花か判別するのはむずかしいです。でも、少し日が経つと、雄花は花粉の色で黄色みを帯びてきます。雌花は白く、黄色みを帯びないので、その時点で、判別できます。

この世に生き残ることができるのは？

「生き物が次の世代へいのちをつなぎ、いのちを広げていくためには、どのような性質を身につけていればいいのか」との大きな疑問があります。それに応えてくれるのは、「この世に生き残る生き物は、もっとも力の強いものではない。もっとも頭のいいものでもない。〝変化〟に対応できる生き物である」という言葉です。

「もっとも力の強いもの」は、弱肉強食の世界で、食物連鎖のピラミッドの頂点に位置するもので、肉食動物のタカやライオンに当たるでしょう。「もっとも頭のいいもの」という表現は、私たち人間を指していると理解しても差し支えないでしょう。

この言葉は、地球上に生き残り進化してきた生き物を研究した、進化論で知られるイギリスのチャールズ・ダーウィン（一八〇九～一八八二）の言葉といわれることがあります。でも、「ダーウィンがそのように書き残したとする出典ははっきりしない」ともいわれます。

そのため、ダーウィンがほんとうに言ったのかどうかは定かではありません。誰の言葉であるかは別にして、その内容は十分に納得できる言葉です。この世に生き残るのは、変化する環境に対応できる生き物であるということです。

言い換えれば、「次の世代へいのちをつなぎ、生育できる地域を広げるいのちを生み出すためには、環境に適応するために変化することが大切なのだ」ということでしょう。といっても、そんなことははたしてできるのでしょうか。

環境は、時代とともに変化します。その環境の変化に適応できるように、突然変異などで変化していくことは、容易なことではありません。しかし、生き残るためには、その努力をしなければなりません。

ただ、もう一つの方法があります。できるだけ、いろいろな性質のものを準備しておき、その中のどれかが変化した環境の中で生き残っていくという方法です。そのためには、いろいろな性質をもついのちをつくり出すことが必要です。

植物たちは、環境が変われば、その変化に適応できるように努力します。海から上陸した植物は、現在まで、約四億七〇〇〇万年を、実際に変化し生き抜いてきています。本章で紹介してきたように、多くの植物たちは、一つの花の中ではオシベとメシベをいっしょに成熟させない「雌雄異熟」や、オシベのない花やメシベのない花を咲かせる「雌雄同株」や「雌雄異株」などのしくみを駆使して、いろいろな性質のいのちを生み出す工夫を凝らしているのです。

(二)　いのちをつなぐための保険

子どもをつくるための保険

これまで説明してきたように、多くの植物が、健全な子どもを次の世代に残すために、いのちをつなごうと、またいのちを広げようと、一生懸命に努力をします。しかし、どんなに努力をしても、その努力が報いられないことがあります。

いのちをつなぎ、生育範囲を広げるためのいのちを生み出すには、相手が必要だからです。そのため、植物たちの思い通りにいかないこともあります。そんなときでも、いのちをつなぐことを放棄するわけにはいきません。

花々は、次の世代へいのちをつなぐために、咲いているのです。ですから、植物たちの中には、自家受精により、新しいいのちを生み出し、いのちをつないでいくものもあります。たとえば、エンドウです。

エンドウには、「一つの花の中で、自分の花粉を同じ花の中にある自分のメシベにつけてタネをつくる」という性質があるのです。エンドウは、メンデル（一八二二〜一八八四）の遺伝の法則の発見に使われた植物として、よく知られています。この研究に使われた理由の一つは、この性質をもっていたからです。

自家受精を繰り返していると、同じ性質が安定して生じるタネをつくることができます。このようなタネは、「純系（じゅんけい）」とよばれます。遺伝の研究には、純系が必要なのですが、純系のタネをつくり出すのはたいへんなのです。

人為的に純系のタネを得るためには、花粉を同じ花のメシベにつけてタネをつくることを、何世代も繰り返さなければなりません。ところが、エンドウは、放っておいても、自分で純系をつくり出してくれる植物なのです。

エンドウの花の中では、オシベとメシベがいっしょに花びらに包み込まれています。そのため、ふつうには、他の株の花粉がメシベにつくことはなく、自家受精により、タネができます。この方法でタネをつくることを繰り返すことで、同じ性質が安定して生じる純系ができます。そのため、エンドウでは、放っておいても、純系が得られるのです。

いのちをつなぐために自家受精をする植物は他にもあります。たとえば、オシロイバナです。この植物は、夕方にいっせいに花を開きます。英語では、「フォー・オクロック」とよばれるのは、夕方四時ごろにこの植物が花を咲かせるからです。

花が開いたとき、メシベはオシベより長く伸び出して、自分のオシベには目もくれていないように見えます。でも、「暗くなる夜に向かって花を開いても、花粉を運んでくれる虫は寄ってくるのだろうか」と心配になります。

しかし、自然の中には、いろいろな虫がいます。虫と植物とは長いつきあいをしてきており、歴史があります。夕方、暗くなるころから、オシロイバナの花が咲くのに合わせるように、夜に活動をはじめる夜行性の虫がいるのです。スズメガの仲間です。

オシロイバナの花は、ラッパのように先端が広がっていて、蜜はだんだん細くなる筒状の奥にあります。他の虫は、この細長い花の蜜を吸うことはできませんが、スズメガの仲間の口は細く長く伸び、花の先端の広い部分から花の奥にある蜜を吸うことができるのです。

ラッパのような細長いオシロイバナの花

オシロイバナは、口の長いスズメガの仲間に合わせて花を咲かせているように思えます。花の咲く時間とスズメガの活動時間が一致し、花の形がスズメガの口に合うように都合よくできているのです。オシロイバナとスズメガは、まるで長い歴史に裏づけられた契りを交わしているようです。

しかし、たとえそうであっても、現実には、一晩の間に出会いがかなわないことがあるかもしれません。そのような場合のため、オシロイバナは花がしおれる前に、花の中でメシベがオシベに寄り添って合体します。自家受精で、いのちをつなぐのです。

このときまでに、虫が他の株の花粉をメシベに運んできていなければ、これでタネができます。それまでに受粉していれば、自分のオシベの花粉がついても、意味はありませんが、この花には、もしものときに確実にいのちをつなぐための保険がかけられているのです。

自分の花粉を自分のメシベにつけて子どもをつくるのですから、「自分と同じ性質のものしかできない」との心配もあり、「悪い性質が発現する」というリスクは確かにあります。しかし、それでも、子孫を残すことのほうが大事です。新しいいのちを生み出し、次の世代にいのちをつないでいくためには、このような保険をかけることが大切です。

オシロイバナのように、健全な子どもづくりを目指しながら、それがかなえられないときのために、保険をかけている植物はけっこう多くあります。ツユクサやオオイヌノフグリがよく知られています。

ツユクサは、夏の朝早くに、真っ青の花を開きます。この花は、朝に開き、その日の夕方には閉じる、「一日花（いちにちばな）」です。開いたばかりの花の中では、オシベとメシベが完全に離れています。二本の長いオシベが、真ん中のメシベからそっぽを向くように伸びています。メシベは他の株から花粉が運ばれてくるのを待ち、オシベは他の株に咲く花のメシベに花粉を運んでもらおうとしているのです。

夕方になって、花がしおれるときには、伸び出していたオシベにメシベが巻き上がるように寄り添ってきて、最後は絡まりあって、自分のオシベの花粉を自分のメシベにつけます。このときまでに、他の株の花粉が虫によってメシベに運ばれていなければ、これでタネができます。自分と同じ性質のタネしかできませんが、この植物にも、確実にタネをつくり、いのちをつなぐための保険がかけられているのです。

オシロイバナやツユクサは、花がしおれる前にメシベがオシベに寄っていきますが、花がしおれる前にオシベがメシベに寄り添っていくものもあります。オオイヌノフグリです。この植物は、外国では、花の色と姿がネコの目にたとえられて、キャッツアイ（ネコの目）、あるいは、鳥の目にたとえられてバーズアイ（鳥の目）とよばれる植物です。

秋に発芽し、春早くに、柄のついた直径一センチメートルに満たない大きさの花を咲かせます。四枚の明るい青色の花びらが印象的な花です。その色は、つやのある青い宝石である「瑠璃（るり）」の色に似ているので、「ルリ色」と表現されることがあります。

この植物には、子どもにいのちをつないでいくのに心配ごとがいくつかあります。まず、花が咲く時期が早すぎるのです。まだ寒い早春に、おだやかな太陽の光が当たると、花が開きます。日当たりの良い空き地では、一～二月に、春を待ち切れないように、暖かい日に花が咲きます。そんなに急いで花を咲かせても、寒いので、多くの虫はまだ活動していません。

ですから、花に虫が寄ってこないという心配があります。

しかも、この植物の花は、朝に開いて夕方にはしおれてしまいます。開花してから一日以内にしおれる、「一日花」なのです。そのため、もし虫が活動をしていたとしても、虫が訪れるチャンスは、昼間の短い時間に限られています。

それに加えて、この植物には、オシベがたったの二本しかありません。多くの植物の花には、メシベは一本ですが、オシベは五〜六本以上あります。花粉の移動を虫に託す植物は、虫は気まぐれに飛びまわるので、少しでも多くの花粉をつくろうとするのです。この植物も、子ども（タネ）を残すために、花粉を運ぶ仕事を虫に託します。それなのに、この植物には、花粉をつくるオシベがたったの二本しかないのです。

そのため、こんな花の姿を見ていると、「これで子どもにいのちをつないでいくことができるのか」と心配になります。でも、これは老婆心のようです。花が咲いた

オオイヌノフグリの花　オシベは２本だけ

あとに確実にタネをつくるために、この花には巧みな工夫がしくまれているのです。

朝に花が開くときには、この花のオシベは、他の花に花粉を運んでもらおうと、メシベから離れて、そばにあるメシベには目もくれません。でも、午後になって花がしおれるときには、オシベが、中央のメシベに寄り添っていき、くっつくのです。自家受精でいのちをつなぐという隠し技を身につけているのです。

自分の子どもは自分だけでつくる

開くことがないツボミをつける植物がいます。このツボミは開くことはないので「閉鎖花(へいさか)」とよばれます。このツボミは開くことはないのですが、ツボミの中で、いつのまにかタネができます。

スミレは、春にふつうの花を咲かせます。美しくきれいな色の花を咲かせ、ハチやチョウなどを引き寄せます。開いた花には他の株の花粉がついて、いろいろな性質をもつタネができます。虫に託して、他の株の花と花粉のやり取りをし、健全な子どもづくりを目指しているのです。

しかし、ときには、「健全な子どもをつくれるだろうか」と心配になってくるのでしょう。

春の花の時期が終わる初夏から秋にかけて、閉鎖花をつくりはじめます。閉鎖花は、ツボミの中で自分のメシベに自分の花粉をつけてタネをつくります。自分の花粉を自分のメシベにつけるだけなので、自分と同じ性質のタネしかできません。しかし、ハチやチョウなどに頼ることなく、確実にいのちをつなぐことができます。

スミレの閉鎖花（下）とタネ（写真・孝森まさひで／アフロ）

もしふつうに咲いた花に他の株の花粉がつかずにタネができなかったとき、閉鎖花は確実に自分の子孫を生きのびさせるための保険です。しかも、ハチやチョウなどを引き寄せるための蜜をつくる必要はありません。きれいな花びらも、いい香りを準備する必要もありません。ですから、この保険には費用があまりかかりません。植物にとっては、都合がいいのです。

また、春にきれいな赤紫色の突き出した唇のような形の花が、台座の上に円を描くように咲く植物があります。シソ科のホトケノザです。この植物は、突き出した唇のような形で開いている花とは別に、濃い赤紫色の小さな球形のツボミをつくります。これらのツボミは、いつまで待っていても開くことはありません。閉鎖花なのです。

スミレやホトケノザは、ふつうの花を咲かせる一方で、閉鎖花という開くことのないツボミをつけます。その中で、オシベの花粉を自分のメシベにつけることにより、タネを確実につくります。これは、虫たちに花粉の移動を託すだけで、自分たちは動きまわらない植物たちが、いのちをつなぐための保険なのです。

私たち人間が利用する〝自家受精〟

「植物が自分の花粉を自分のメシベにつけて子どもをつくる」という自家受精の性質は、私たちがタネや果実の収穫を目的に栽培する作物では、重要です。自家受精でタネを残す代表的な植物たちは、イネやダイズなどです。

もしもイネがこの性質をもたなかったら、花粉が風によって運ばれてこないときに、モミの中におコメができません。あるいは、ダイズがこの性質をもたずに虫たちだけに頼っていたら、エダマメやダイズの莢(さや)を剝いてみれば、豆が入っていない可能性が高くなります。だから、栽培作物の品種を改良する過程では、「放っておいても、植物が自分の花粉を自分のメシベにつけて子どもをつくる」という性質は大切にされてきているのです。

自家受精により、子ども（タネ）をつくる植物たちは、風や虫に花粉の移動を託すというリスクを望まない植物ともいえます。これらは、自分のオシベの花粉を自分のメシベにつけて、確実にタネをつくります。同じ性質のタネしかできなくても、風や虫に頼らずに、確実に自分一人で子どもを残す方法を選んでいるのです。

人間が品種改良でつくり出すイネやダイズなどの栽培作物は、人間が植物に適した環境で栽培することを前提としています。だから、これらの植物たちが、自分の力で環境の変化に適応したり、新しい環境の土地への進出を考えたりする必要はありません。

また、そのタネや実は収穫され、食べられることが目的になっています。ですから、栽培しているイネやダイズには、自家受精であっても、確実にタネや果実をつくることが望まれます。

ただ、これらの植物は人間に栽培されるために、自分だけで、確実に子どもを残し、いのちをつなぐという性質が強調されますが、他の株の花粉がついて子どもをつくる能力を放棄しているわけではありません。だからこそ、イネでもダイズでも、他の品種と交配されて新しい品種が生み出されてくるのです。

単為生殖とは？

セイヨウタンポポでは、「花が咲くと、花粉がつかなくても、タネができる」といわれます。「ほんとうに花粉がつかなくても、タネができるのか」との疑問がおこります。

セイヨウタンポポは、ほんとうにこの方法でタネをつくることができるのです。もし、数日以内に花が開きそうな大きく成長しているセイヨウタンポポのツボミを見つけたら、次の実験をしてください。ハサミで、ツボミの上半分をばっさりと切ってしまうのです。半分ではなく、かなり下のほうで上部を切り落としても、この実験は成功します。

この植物のツボミには、約二〇〇個の開花前の花が縦にびっしりと詰まっています。花が開くと花びらが多くあるように見えますが、一枚ずつの花びらがそれぞれ一つの花なのです。それらの上半分からメシベが伸び出しますが、その部分を切り落とすのです。そのため、花粉を受け取るはずのメシベの先端がなくなってしまいます。だから、花粉がつく場所がないので、本来なら、タネができないはずです。

ところが、天候にもよりますが、約一〇日間が過ぎると、ツボミの上半分をハサミでばっさりと切り取ってしまったものにも、綿毛をもつ球状のものが開いてきます。

上半分を切り落としたために、ピンポン玉のような大きな球状の綿毛にはならないように思われます。しかし、球状になるときには、綿毛とタネの間が伸びてくるので、大きさもほとんど変わりません。

驚くことに、その短い綿毛の基部には、何ごともなかったかのように、きちんと果実がついています。上半分を切り取っていない花の場合と同じように、果実ができているのです。果実の中には、タネが入っています。

そこで、念のために、ツボミの上半分を切り取ってすぐに、そのツボミに袋をかけて、花粉がつかないようにしても、やっぱり約一〇日間が経つと、きちんと綿毛が展開し、タネができてきます。つまり、セイヨウタンポポは、メシベに花粉がつかなくても、タネをつくるという不思議な能力をもっているのです。このようにしてできたタネは、発芽する能力ももちろんもっています。

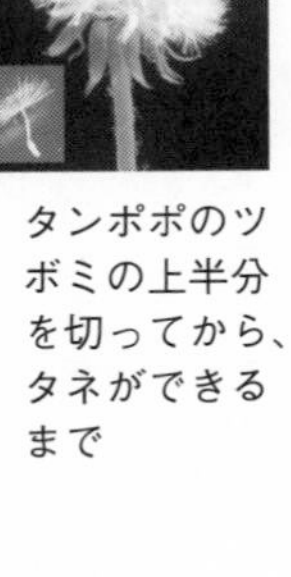
タンポポのツボミの上半分を切ってから、タネができるまで

虫に花粉を運んでもらわなくても、また、自分の花粉をつけることがなくても、タネができるのです。このように、メシベだけでタネがつくられる生殖方法は、「単為生殖」といわれます。ほかには、ヒメジョオン、ドクダミなどが、この性質を身につけています。

この生殖方法で子どもをつくる植物も、他の株の花粉と受精して、タネをつくる力をもっています。

花には頼らない〝無性生殖〟

すべての生物は、新しい個体をつくり、いのちをつなぎます。この現象は、「生殖」とよばれます。生殖の様式には、オスとメスという性がかかわる「有性生殖」と、性がかかわらないで個体が生まれる「無性生殖」があります。

無性生殖では、オスとメスという性は関与しません。オスとかメスとかにかかわらず、自分のからだの一部から個体が生まれるので、親と同じ性質の分身が生まれるにすぎません。たとえば、プラナリアという動物がいます。

これは、からだを細かく切られても、その断片から、自分の力でからだを再生し、新しい個体が生まれてきます。私たち人間が切り刻まなくても、プラナリアは、ある時期がくると、自分でからだをちぎって、再生して増えるのです。

だからといって、プラナリアが有性生殖の能力を放棄しているわけではありません。栄養などの条件が良いときには、無性生殖でどんどん増えますが、栄養が枯渇するような条件では、有性生殖をする傾向があります。

プラナリアのように簡単なからだのつくりの動物は、このような生殖方法で増えます。しかし、からだにいろいろな組織や器官がつくられ、「進化した」といわれる動物には、その生殖方法は見られません。私たちの身近にいるイヌやネコなどは、オスとメスという性が関与する有性生殖で、子孫をつくります。

私たちの身近にある多くの植物たちも、また、有性生殖で増えます。花が咲き、オシベの花粉がメシベについて、タネができるという様式です。オシベがオス、メシベがメスの生殖器官なので、性が関与しています。多くの植物が、この方法で、子どもをつくり、いのちをつなぎます。

ところが、身近にある植物でも、有性生殖をしながらも、無性生殖で子どもをつくるものが多くいます。ただ、動物でも植物でも同じなのですが、無性生殖では、自分のからだの一部から個体が生まれるので、親と同じ性質の分身が生まれるにすぎません。そのため、「暑さに弱い」「寒さに弱い」「ある病気にかかりやすい」というような遺伝的な性質は変化せず、親から子どもへ伝わります。

それに対し、有性生殖では、オスの個体とメスの個体が合体して、子どもができます。そのため、オスのもっていた性質とメスの個体がもっていた性質が混ぜ合わされて、いろいろな性質の子どもが生まれます。

生物にとって、いろいろな性質の子どもがいると、さまざまな環境の中で、どれかの子どもが生き残る可能性が高くなるので、有性生殖で子どもができるほうが好ましいのです。無性生殖で、同じような性質の子どもを残すことは好ましくありません。

しかし、有性生殖で増えるためには、必ず相手が必要です。植物の場合だと、有性生殖で増えるためには、風や虫などが、花粉を運んでくれなければ、子どもを残すことができません。一方、無性生殖では、相手が必要ありませんから、自分だけで子どもをつくり、確実に、次の世代へいのちをつないでいくことができます。ですから、無性生殖は、有性生殖に保険をかけるような生殖方法といえます。

たとえば、ジャガイモのイモの部分から芽が出て、新しい個体が生まれるのは、無性生殖です。ジャガイモの食用部は、地中にできるので、「根」が肥大したものと思われがちですが、根ではありません。ジャガイモの食用部は、茎なのです。茎に栄養が蓄えられて、かたまり（塊）となって肥大しているので、ジャガイモのイモは「塊茎（かいけい）」とよばれます。

「ジャガイモの食用部は、茎である」ことの根拠の一つは、「ジャガイモのイモは、光が当たると、緑色になる」ことです。茎には、葉っぱと同じように、光が当たると、クロロフィルという緑の色素をつくる性質があります。ジャガイモのイモは、茎ですから、光が当たると緑色になります。

もう一つの根拠は、「ジャガイモのイモの表面はツルツルして、細い根がない」ことです。もしジャガイモのイモが根が肥大したものなら、表面からは、〝ひげ根〟が多く出てくるはずです。しかし、ジャガイモのイモは茎ですから、茎の側面からは、根が出ないのです。

ジャガイモのイモが茎なら、そのイモから、新しい芽が出てくるのは、そんなに不思議ではありません。こうして次の世代にいのちをつなぐことができるのです。

一方、根から芽が出てくる場合もあります。サツマイモのイモの部分から芽が出て、新しい個体が生まれるのは、無性生殖です。サツマイモの食用部は、根です。根に栄養が蓄えられて、かたまり（塊）となって肥大したもので、サツマイモのイモは「塊根（かいこん）」とよばれます。

「なぜ、サツマイモのイモは塊根といえるのか」との疑問が浮上します。ジャガイモのイモは、茎ですから、光が当たると緑色になるのに対し、サツマイモのイモは、根なので、光が当たっても、緑色にはなりません。

また、ジャガイモのイモの表面はツルツルして、細い根がないのに対し、サツマイモのイモには、表面からは、細い根が多く出ています。食用になるイモが根に当たると考えると、多くの根がそこから出ていることはうなずけます。

ただ、ジャガイモやサツマイモが無性生殖でいのちをつなぐといっても、花は咲きます。無性生殖では、親と同じ性質の分身が生まれるにすぎません。品種改良のためには、花を咲かせなければなりません。実際に、ジャガイモでもサツマイモでも品種改良がなされているので、花を咲かせるのです。

家庭菜園で栽培していたジャガイモに、花が咲き、思いもかけず、ミニトマトのような果実が実ることがあります。そのようなとき、「なぜ、ジャガイモにミニトマトのような果実ができたのでしょうか」と不思議がられます。

でも、これは、そんなに不思議な現象ではありません。ジャガイモは、ナス科の植物でミニトマトもナス科の植物です。ですから、ジャガイモに花が咲き、果実ができると、ミニトマトのようなものができます。この果実の中にできるタネは、もちろん発芽し、成長する能力をもっています。

ただ、ふつうの栽培では、ジャガイモに実がなるのはめずらしい現象です。花が咲いて実が実りはじめると、地中にあるジャガイモの食用となる塊茎に蓄えられていた栄養が使われます。そのため、おいしいジャガイモを収穫しようとするときには、花が咲いても果実を実らせないのです。

最近、市販されているジャガイモの品種では、花が咲いても実がならないものが多くなってきています。また、実がなる品種でも実がなるまで収穫を待つことがないので、ジャガイモにミニトマトのような実がなっている現象はめずらしいのです。

「なぜ、サツマイモに花が咲かないのですか」という質問を受けたことがあります。家庭菜園などで栽培されるサツマイモは、春から栽培され、秋に収穫されます。たしかに、この間に、花を見かけません。

秋早くに収穫せずに、「もう少し待っていれば花が咲くのか」と思い、収穫せずに待っていても、花は咲きません。冬にサツマイモの苗を植えても、春に花は咲きません。サツマイモに、花は咲かないのでしょうか。

食料の乏しい時代、サツマイモでは、収穫量が多くておいしい品種を求めて品種改良が行われました。その品種改良は、父親となる品種の花粉を母親となる品種のメシベにつけて、タネをつくるという方法がとられます。

したがって、品種改良のためには、花を咲かせなければなりません。実際に、品種改良がなされているのですから、花を咲かせる方法があるはずです。どのようにして、サツマイモに、花を咲かせているのでしょうか。

実は、サツマイモが花を咲かせるためには、「暖かい長い夜」が必要なのです。本州では、夜が長くなる秋には、暖かくないので、花は咲きません。それに対し、夜が長くなる秋にも暖かい沖縄県では、この条件が満たされ、花が咲きます。

そのため、サツマイモの品種改良は、主に沖縄県で行われました。暖かい沖縄県では、サツマイモの花が咲きやすいからです。

球根で増えるものもある！

無性生殖の一つが、球根で増えることです。チューリップは、球根から栽培します。でも、タネができないことはありません。タネで栽培することも可能です。でも、ふつうには、タネから栽培しません。チューリップがタネで栽培されない理由の一つは、タネで栽培をすると、タネをまいてから花が咲くまでに長い年月がかかるからです。

チューリップのツボミは球根の中でつくられますが、大きく成長して肥大した球根の中でしか、ツボミはつくられません。タネから育てて、球根をこの大きさに成長させなければ、チューリップの花を咲かせることはできません。ところが、タネをまいて、球根をこの大きさにまで育てるためには、長い年月がかかるのです。

チューリップは、春に葉っぱを地上に出します。この葉っぱが、根から吸収される水と、空気中の二酸化炭素を材料に、太陽の光を使って、光合成を行い、栄養をつくり出します。つくられた栄養を蓄えて、毎年、球根は徐々に大きくなります。

しかし、春に地上に出た葉っぱは、寿命が短く、夏には枯れます。ですから、球根を大きく成長させるための光合成を行う期間は、春から初夏までであり、ごく短いのです。この短い期間に、葉っぱが光合成をして、その産物が地中の球根に蓄えられるのです。

そのため、ツボミをつくるほどの大きさの球根になるためには、長い年月がかかります。それに要する年月は、栽培の技術によって異なります。また、タネが植えられ育てられる場所の日当たりや土の肥沃度によっても違います。ふつうには、タネが発芽してから、五〜六年はかかるのです。

もう一つ、タネから育てられない理由は、チューリップが「自家不和合性」という性質をもっているからです。これは、自分の花粉がメシベについてもタネをつくらず、他の品種の花粉がメシベにつけば、タネをつくるという性質です。

タネで増やすと、他の品種の花粉がついています。そのため、タネから育つ芽生えでは、葉っぱの大きさ、花の形、花の色、花の大きさや草丈などが、バラバラになります。

ということは、結実したタネから栽培すると、予想できない草丈や、色や形の花が咲く可能性があるのです。チューリップが花壇に植えられるときには、赤、白、黄色のように、区画がそろえられます。タネの場合、これができなくなるのです。

一方、球根で増やせば、他の品種の花粉がついていませんから、その球根をつくった株と同じ性質のチューリップが育ちます。花の色や形、草丈などが同じです。ですから、どのくらいの草丈で、どんな色や形、大きさの花が咲くかを知ったうえで、チューリップを栽培することができます。だから、チューリップは、球根で栽培されるのです。

「ランナー」で増えるものもある！

イチゴは、無性生殖で増やされます。イチゴが栽培されているところを見ると、イチゴの根もと付近から横向きに茎のようなものが伸びてきます。「ランナー」というものです。日本語では、「地面を這うように伸びていく」という意味で、「匍匐茎（ほふくけい）」とか、「匍匐枝（ほふくし）」とよばれます。その先に芽ができ、根ができています。

イチゴの栽培は、これを株としてはじめます。その株からは、また、ランナーが伸びて、芽ができ、根ができます。一本のランナーで、三本から四本くらいの株ができます。一株のイチゴは、四、五本のランナーを出します。だから、一株の親から一二〜二〇本くらいの株が得られます。

「子どもの株がそのように生まれるのなら、タネはいらないのではないか」との疑問が浮かびます。栽培している人にとっては、そうかもしれません。でも、イチゴは、本来、いろいろな性質の子どもをつくりたいのです。

いろいろな性質の子どもがいれば、いろいろな環境の中で、どれかが生き残っていけるからです。ランナーで、親とまったく同じ性質の子どもをつくる一方で、タネでは、いろいろの性質の子どもをつくっているのです。

「イチゴのタネは、どこにあるのか」との疑問もあります。リンゴでもサクランボでも、タネは、実の中にあります。イチゴでは、実の表面にあるツブツブが、ほんとうの実なのです。

実というのは、きちんとした言葉では、「果実」といいます。

ふつうの植物の果実は、メシベの下のほうの部分が膨らんだものや、そのまわりが膨らんだものです。メシベの下にある、「子房（しぼう）」という部分が果実です。ところが、イチゴは花を支えていた部分が膨らんでいるのです。その部分は、「花托（かたく）」、あるいは、「花床（かしょう）」とよばれます。私たちは、その部分を食べているのです。

その部分に実の栄養が使われているので、ほんとうの実であるツブツブには、おいしい果肉はありません。ですから、ツブツブの実は、「痩（や）せた果実」という意味で、「痩果」と書き、「そうか」と読みます。

あのツブツブが果実なら、タネは果実の中にあるものです。ですから、あの小さなツブツブの薄い皮をめくれば、タネがあります。ツブツブをまけば、タネをまいたのと同じであり、芽が出てきます。

ところが、タネは、メシベに花粉がついてできるので、タネの中にはメシベをつくっていた株の性質と、花粉をつくった株の性質が混じっています。二つの性質が混じっていると、子どもは、タネをつくった親と同じ性質には育ちません。実の色や形、大きさや味などが、親と変わってしまいます。

たとえば、「あまおう」という人気のあるイチゴのツブツブをまいても、「あまおう」というイチゴができないのです。「あまおう」は、「赤い」、「丸い」、「大きい」、「うまい」という四つの言葉の先頭の文字を並べたものです。「赤い」の「あ」、「丸い」の「ま」、「大きい」の「お」、「うまい」の「う」を並べて、名前がつけられているのです。

これらは、「あまおう」というイチゴの特徴を表しています。おいしいし色も大きさも形も味もいいから、あまおうといわれているのです。

ところが、そのタネをまいたら、実の色や形、大きさや味などが親と違う、「あまおう」ではないイチゴができてしまいます。これでは、「あまおう」というブランドの栽培者にとってはたいへん困ります。そのため、「あまおう」だけでなく、イチゴは、タネで育てずに、親と同じ性質の株をつくるランナーで育てるのです。

第五章　植物のからだと寿命を支える力

植物の生涯は、自分のいのちは自分で守るという健康寿命で貫かれています。そして、その寿命は、自給自足、自己防衛、自力本願などの自分の力で支えられています。本章では、そのような植物たちの寿命を支える力をテーマにします。

（一）植物のからだ

植物のからだは、何でできているのか？

「なぜ、樹木の寿命は長いのか」との疑問がよくもたれます。私たち人間の場合は、脳や心臓がはたらきをなくすと、いのちを保つことはできません。しかし、樹木のいのちは、根、茎、幹、芽、葉っぱなどが協力して成り立っています。もし、どれかがはたらきをなくしても、植物には、その部分を新しくつくり出す能力があります。

たとえば、葉っぱが茂った枝を切られたり、折られたりすると、代わりの枝が伸びてきて葉っぱを繁茂させ、何ごともなかったかのような姿に戻ります。これは、第三章第三節の「もし、花を摘みとられたら?」の項で紹介した頂芽優勢という性質があるからです。ですから、頂芽優勢という性質は、樹木が長くいのちを保つために大切な性質です。しかし、この性質だけで、樹木の寿命が長く保たれるわけではありません。

「私たち人間とからだの構造が違っているから、寿命が異なるのだろう」と、安易に考えられることがあります。たしかに、樹木のいのちは、根、茎、幹、芽、葉っぱなどで支えられており、私たち人間のいのちは脳や心臓などがはたらいて保たれています。いのちを支えているものは、違っているように見えます。

でも、もう少し深く、「樹木の根、茎、幹、芽、葉っぱや、私たち人間の脳や心臓などが何でできているのか」を調べていくと、同じものでできていることがわかってきます。そのきっかけになったのは、一六六五年、イギリスの博物学者ロバート・フックの行った観察でした。

彼は、コルクを薄く切り、自分でレンズを組み合わせてつくった顕微鏡で、そのコルクの薄片を観察しました。コルクというのは、ワインの瓶の栓に使われているもので、コルクガシという木の樹皮でできています。材質が軽くてやわらかく、弾力があります。

彼は、コルクが、ハチの巣のように、中が空洞の多くの小さな部屋からできていることを発見し、この小さな部屋のようなものを「セル（cell）」と名づけました。セルは、日本語で「細胞」といわれます。

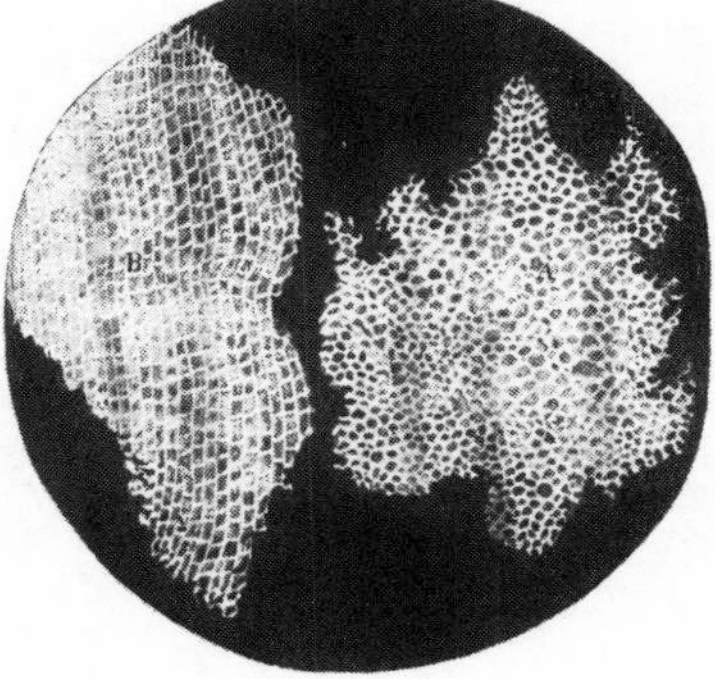

フックによるコルクのデッサン

フックが観察したのは、中身がなくなった、死んだ細胞でした。そのため、空洞に見えたのです。細胞を取り囲んで存在する壁のような「細胞壁（さいぼうへき）」とよばれるものだけが残っていたのです。

フックがこの観察を行ってから約一七〇年後の一八三八年、ドイツの植物学者マティアス・ヤーコプ・シュライデンは、「植物のからだは、細胞からできている」と唱えました。その次の年、シュライデンの友人でありドイツの動物学者テオドール・シュワンは、「動物のからだも、細胞からできている」と提唱しました。

この二人の考えがもとになって、「細胞が、植物や動物のからだをつくる基本単位である」という「細胞説」が確立されました。一八五〇年代になって、細胞説には「すべての細胞は、細胞から生じる」という考えが、ドイツの病理学者であるルドルフ・フィルヒョーにより加えられました。

ですから、植物のからだも動物のからだも、すべて細胞からできています。これまで、私たち人間のからだは、「約六〇兆個の細胞からできている」といわれてきました。しかし、二〇一三年一一月に、もう少しきちんと推定したという論文が発表されました。

それによると、「人間のからだは、約三七兆二〇〇〇億個の細胞からできている」とされました。その数字を受けて、その後は「人間のからだは、約三七兆個の細胞からできている」といわれることが多くなっています。

この細胞一つひとつの中には、遺伝子というものが入っています。遺伝子は、細胞の形や性質、はたらきなどを支配するものです。しかも、一つのからだを構成するすべての細胞は、同じ遺伝子をもっています。ですから、「すべての細胞が同じ遺伝子をもっているのなら、すべての細胞の形や性質、はたらきなどが同じになるのではないか」との疑問が浮かびます。

しかし、細胞の形や性質、はたらきは、その細胞の位置する場所により、かなり異なります。それぞれの細胞は、からだの一部分を構成し、その置かれた場にふさわしい形や性質、はたらきをしているのです。

それゆえ、人間なら、皮膚の細胞と心臓の細胞では、形や性質、はたらきが違います。植物なら、葉っぱと根の細胞では、形や性質、はたらきが異なります。一人の人間、一本の木では、からだを構成するすべての細胞は同じ遺伝子をもっているのですが、はたらいている遺伝子は細胞が置かれている場で異なるからです。

ただ、どの場に置かれている細胞であっても、それぞれの細胞は、ものすごい力をもっています。その力については、次項で紹介します。

一つの細胞は、一つの完全な個体をつくることができる！

細胞がもつものすごい力とは、「一つの細胞は、どんな形やはたらきをしていても、一つの完全な個体をつくることができる」というものです。その能力は、「分化全能性（ぶんかぜんのうせい）」といわれます。ということは、植物たちは、たった一個の細胞からでも、植物のからだを再びつくりあげられるということなのです。

植物の細胞が、この能力をもつことは、一九五八年、イギリス生まれのアメリカの植物生理学者であるF・C・スチュワードらにより示されました。彼は、ニンジンの根を使って、細胞のもつこの能力を実証しました。

ニンジンの根は、葉っぱや茎などと同じように、細胞からできています。このニンジンの根から一個の細胞を取り出し、適切な人工的な条件で育てます。すると、根の特徴を失った細胞が増殖して、細胞のかたまりになります。

この細胞のかたまりは、「カルス」とよばれます。これは、根の組織の一部になっていた細胞が、根の一部になる前の状態に戻ったものです。ですから、カルスの細胞には、根の特徴は失われています。

このカルスを適切な条件で育てると、カルスから、根や茎、葉っぱなどがつくられてきて、やがて、完全なニンジンの苗が形成されるのです。この苗は、畑で栽培されると、成長し、ニンジンの根が肥大してきます。

ニンジンの根の一個の細胞だけからでも、ニンジンが再びつくりあげられるのです。これは、ニンジンに限った話ではなく、植物のからだをつくる一個の細胞から、植物のからだは再びつくりあげられるのです。これが、細胞のもつ分化全能性といわれる能力です。

実際に、植物の細胞がこのような能力をもっていることは、切り花や切り枝を水の入った容器に挿しておくだけで、観察することができます。日が経つと、茎や枝の切り口から根が生え出てくる植物は多くあります。本来なら根を出すはずのない茎や枝の切り口から、新しく根が生まれてくるのです。

この現象は、見慣れていてそんなにめずらしくないので、感激は少ないかもしれません。しかし、切り取られた茎や枝から、根が再び生え出しているのです。この力を利用したのが、「挿し木」というものです。

植物の枝や茎を切り取り、砂や土に挿しておくのが、「挿し木」です。やがて、茎や枝の切り口から根が出て、根が生え、芽が伸びて、一本の植物が育ちます。分化全能性という性質が、挿し木で植物を増やすのを可能にしているのです。バラ、ツツジ、アジサイ、イチジクなどが、挿し木で増やしやすい代表的な植物として知られています。

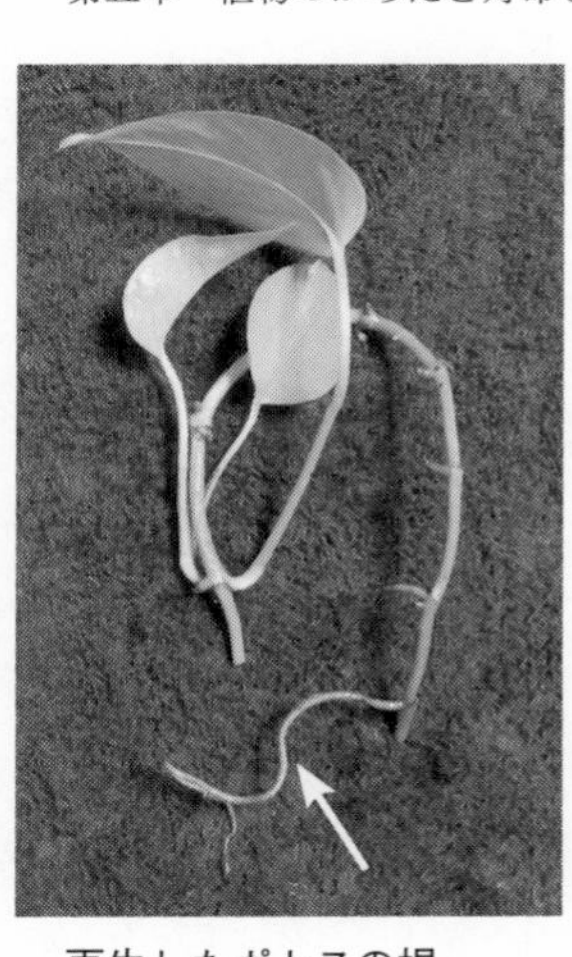

再生したポトスの根

分化全能性の能力は、生きた樹木でも見ら

れます。数十年の樹齢を重ねたイチョウの木は、高い背丈に伸びています。そのようなイチョウの幹は、ぶあつい樹皮で覆われており、幹が風雪に耐えてきた年齢を感じさせます。

しかし、そのような幹の低いところから、春に突然、若い芽が出て新緑の若葉が展開してくることがあります。「なぜ、このような歳を重ねた幹の部分から、突然、若い芽が生み出されてくるのか」と疑問に思われます。

この疑問に対する答えは、切り株の幹を構成する細胞に、分化全能性があるからです。その性質に基づいて、新しい芽が生み出されたということです。

分化全能性は、動物の細胞にもありますが、簡単には発現しません。それに対し、植物では、比較的容易に見られるのです。

(二) 樹木の寿命

なぜ、樹木の寿命は長いのか?

樹木のからだは、根、茎、幹、芽、葉っぱなどが、すべて、細胞からできています。特に、樹木の場合には、それらの細胞には、歳を重ねたものもありますが、新しく生まれたものがあります。そして、細胞には、「一つの細胞は、どんな形やはたらきをしていても、一つの完全な個体をつくる」という分化全能性があります。

そのため、歳を重ねた細胞のはたらきが衰えたときや失われたときには、若く元気な細胞がそのはたらきを担うことができます。では、「若く元気な細胞は、どの部分にあるのか」との疑問が浮かびます。

樹木の芽から芽がつくられるのは、芽が無限の寿命をもっているからです。ということは、芽には、若く元気な細胞があり、そこで新しい細胞がつくられ、芽や葉っぱがつくられていることは理解できます。

では、歳を経た樹木の幹で考えましょう。多くの樹木の幹を切断すると、その切り口に、ほぼ同心円の輪が見られます。「なぜ、輪状の縞模様ができているのか」との疑問がもたれます。これは、樹木が年月をかけて肥大してきた足跡です。

幹の周囲には、樹皮があり、樹皮はもっとも外側の「外樹皮」と、葉でつくられた光合成の産物が移動する「内樹皮」に分けられます。樹皮の内側に、「形成層」とよばれる部分があります。ですから、幹を切断した切り口に当たる横断面では、内部に木質化した部分があり、その外側に、形成層が輪状になっています。この形成層の部分が細胞を盛んにつくり出している部分です。

形成層が、幹を肥大させる役割を担っています。形成層は、常に幹の外側に位置しますから、新しくつくられた細胞は幹の内側に残されていきます。つくられる細胞の大きさや性質は、季節により異なります。

春から夏にかけては、樹木の成長が良いので、つくられた細胞は、形が大きく、その細胞を取り囲む細胞壁が薄く、白っぽく見えます。それとは逆に、夏の終わりから秋、冬にかけては、樹木の成長が良くないので、つくられる細胞は、形が小さく、細胞壁は厚く、黒っぽい色をしています。

ですから、毎年、季節ごとにつくられる細胞が、白っぽく見えたり、黒っぽく見えたりして、幹の内部で、輪状の縞模様をつくります。これが、「年輪」とよばれるものです。年輪の幅が広いところが、春から夏にかけてつくられた成長の良いときの大きな細胞です。年輪の幅が狭いところが、夏の終わりから秋にかけてつくられた成長の良くないときの小さな細胞です。そのため、春から夏にかけて、樹木がよく成長する季節には、年輪の幅が広くなります。

幹の周囲には、若い元気な細胞があり、中央部は歳を重ねた古い細胞でできています。ですから、幹の中では、ほとんどはたらきをなくした中央部の古い細胞に代わり、周囲の若く元気な細胞がそのはたらきを担っています。そのため、幹はいつまでも幹としての役割を果たせます。

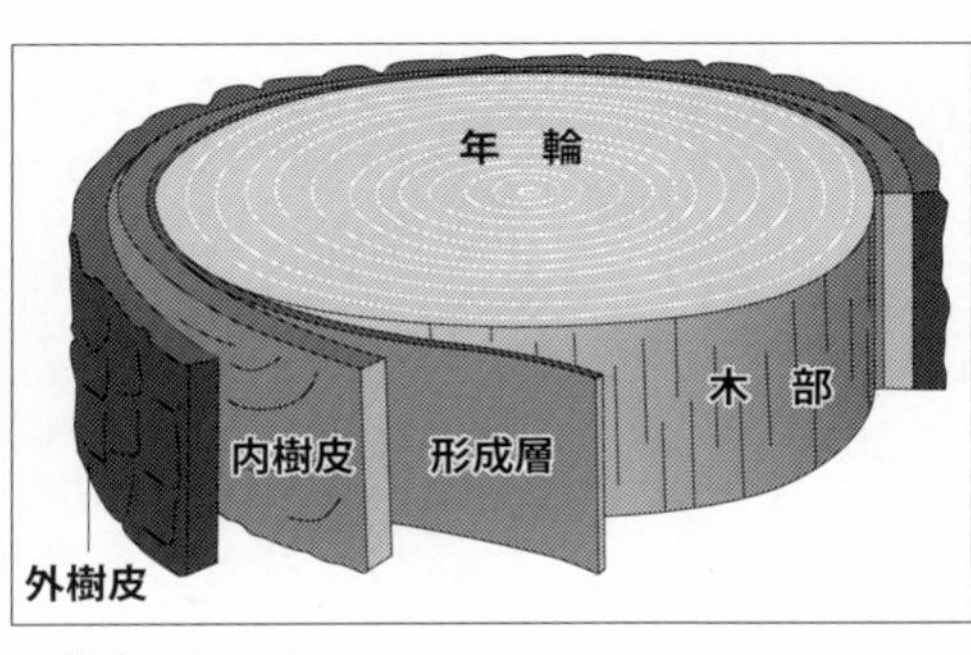

樹木の切り口

たとえば、歳を重ねた古い樹木には、幹の中央部が空洞になっているものがあります。それでも、元気に生きています。幹のまわりには、若く元気な細胞があり、根のはたらきと地上部での成長をつないでいるのです。

しかも、植物のからだを構成する細胞は、それぞれが一つの完全な個体をつくる能力をもっています。特に、若く元気な細胞は、旺盛な分化全能性を発揮します。そのため、もしどれかの部分が欠けた場合やいのちを失った場合、その部分を新しくつくり出し、一つの個体としては、いのちを保つことができるのです。

樹木では、この分化全能性が発現しやすいのです。では、樹木で見られる分化全能性に基づく現象を、次の項で紹介します。

なぜ、「ひこばえ」が生えてくるのか?

樹木は、何十年、何百年と、生きるための営みを続けます。しかし、突然、いのちにかかわるような災難が降りかかることがあります。樹木は、材木として使われるために、あるいは、密に生育する本数を減らすために、地上部を幹の基部で伐採されることがあります。

しかし、伐採されたからといって、樹木の切り株は、生涯をそのまま終えない場合があります。根は生きていますから、水や養分が運ばれ、残された切り株から、芽が再び出てくるのです。この芽は、伐採されたときに、切り株の幹に残っていたわけではありません。切り株の幹から、新しく芽が生み出されてくるのです。

切り株の幹から出てくる芽生えは、「ひこばえ」とよばれます。「ひこ」とは「孫」のことであり、「ひこばえ」は、孫が生えてきたという意味です。漢字では、「蘖」というむずかしい文字が使われます。

ひこばえには、そのまま樹木として成長できる能力があります。「なぜ、芽のない切り株から、ひこばえが出てくるのか」と不思議がられます。これは、幹をつくっている細胞がも

ひこばえ

っている、分化全能性によるものです。その性質に基づいて、新しい芽が生み出されるということです。

ひこばえは、切り株の中央部からはほとんど生まれず、切り株の周囲から多く出ます。「なぜ、ひこばえは、切り株の周囲から多く出るのか」との疑問がもたれます。これは、切り株の切断面の中央部は歳を重ねた古い細胞でできているのに対し、切り株の周囲には、若く元気な細胞があり、分化全能性が発現しやすいからです。

「ひこばえ」は、伐採された樹木のいのちをつなぐ若い芽生えとして生きていきます。ということは、この樹木の寿命は、伐採されても絶えていないことになり、個体の寿命は延びます。

樹木には、歳を重ねてきた老木であっても、からだには、若く元気な細胞が常にあり、また、新たに生み出されています。そして、それらの細胞には、分化全能性という性質があります。これが、樹木が長い寿命を保つために大切な一因となっているのです。

樹木の細胞が、分化全能性を発揮するには、それを支える大切な部分があります。それは、根です。それについて次項で考えましょう。

地上の樹木は、根で支えられている!

日本では、樹齢の長い樹木として、樹齢約二五〇〇年といわれたり、三〇〇〇年以上といわれたりする、鹿児島県屋久島の「縄文杉」がよく知られています。また、世界でも、長寿の樹木は多くあります。アメリカの西海岸には、樹齢約四七〇〇年とか四八〇〇年の「世界最長寿の樹」といわれるマツのブリッスルコーン・パインがあります。

これらは、第一章の「樹齢の長い樹木」の項で紹介しました。これらに対し、一九六八年、アメリカのミシガン大学のバートン・バーンズにより発見された、樹齢約八万年といわれる樹木の森があります。アメリカのユタ州のフィッシュレイク国立森林公園にある、ヤナギ科のカロリナポプラ（アメリカヤマナラシ）という「樹木の森」です。

フィッシュレイク国立森林公園のカロリナポプラ

「約八万年という桁違いに樹齢の長い樹木があるのなら、なぜ、その樹木が世界一の長寿の樹木として紹介されないのか」との疑問が浮かびます。

でも、この国立公園にあるカロリナポプラという樹木は、とてもそのような樹齢には見えません。それもそのはずで、目にできる樹木は樹齢約二〇〇年といわれているのです。「樹木の森」といったように、約八万年という樹齢は、目に見えている一本の木の樹齢ではないのです。

実は、この樹木群を支えている根が、約八万年間生き続けているのです。地上部の樹木が枯れても、また根から新しい樹木が出てきます。しかも、この根は、一本の樹木を出しているのではなく、なんと四万本以上を出しているのです。そのため、地上部は、樹木が群生しているという様相を呈しています。

群生している樹木を地下部で支えている根は、つながっており一つなのです。その面積は、約四三ヘクタールに広がっていて、東京ドーム九個分を超えています。その重さは六〇〇〇トンに及ぶと想像されています。根がここまでに繁殖するには、約八万年かかっているということになるのです。

こんな極端な場合でなくても、すべての植物の地上部のいのちはすべて根が支えているのです。そして、地上部での分化全能性の発現は、根が支えているから可能なのです。根が生きていて、はたらいていて、水や養分を送っているからこそ、地上部分は生きていられるのです。分化全能性も発揮できるのです。

地下部の根には、それ自体にも分化全能性があるので、根からも芽が出てきます。地下は環境の変化に影響されにくいため、いつまでも根は生き残っていけるというわけです。

地中にある根は、夏の暑さや地表面の乾燥、冬の寒さなどにも耐えられます。そして、それが地上部の成長を支えて、水や養分を送り、地上部にある若く元気な細胞が分化全能性を発揮するのを支え、樹木の長い寿命を保っているのです。

とすれば、根の存在の重要性が浮かび上がってきます。大切なはたらきをしている根は、植物が生きていくために、なくてはならないことがよく認識されており、そのことを示す語句が多くあります。

根の大切さは、第二章で、水や養分を吸収する役割を果たしていることで紹介しました。これが根の重要なはたらきの一つですが、根にはほかにも大切な仕事があります。栄養を蓄えて、地上部の成長を支えることです。

物ごとが成り立つためのもっとも大切なもとを指す語句が「根本」であり、「根」という文字が使われます。そのほかにも、「根拠」や「根源」、「根底」や「根基」などの語句に「根」が使われます。「物ごとのよりどころや、おおもとになるものが根である」という意味が、これらの語句に込められています。

「幹」が根といっしょになって「根幹」という語句で使われます。「根幹」という語句は、幹と根がいっしょになって大木を支えている様子が思い浮かび、物ごとのおおもとを示すにふさわしいものです。物ごとの重要な部分が「根」という文字に込められているのです。

このように考えると、「根」という語句は、「これなしには、すべてが成り立たない」という存在として使われているのがわかります。ですから、根の重要性はよく認識されているように思われます。

根ごと引き抜かれても、生えてくる植物は？

「雑草は、たくましい」といわれます。その理由を聞いてみると、「雑草は、根ごと引き抜いても、生えてくるから」という答えが返ってくることがあります。

もしほんとうに、根ごと引き抜かれても生えてくるのなら、「雑草は、たくましい」ということになります。しかし、雑草といえども、根ごと全部をほんとうに引き抜かれたら、二度と生えてくることはないでしょう。

ですから、「雑草は、根ごと引き抜いても、生えてくる」というのは、雑草がたくましいと感じる前に、「根ごと引き抜いても」というのが、誤解である場合が多いのです。根ごと引き抜いたつもりでも、実際は根ごと引き抜くことなどは、できていないのです。

「根ごと引き抜いても、生えてくる」と、不思議がられる雑草の一つは、タンポポです。タンポポでは、根ごと引き抜いたと思っていても、少しの根が残っていれば、その根は新しく芽をつくり出す能力をもっています。

ですから、タンポポを雑草として退治するために鍬などで土を掘りおこしたりすると、根がちぎれて切片になり、それぞれの切片がやがて芽や根を出す可能性があります。

タンポポの根には、切り刻まれても、もう一度、もとの完全なからだをつくりあげる力があるのです。この力は、実験をして、具体的に確認することができます。タンポポの根を土から掘り出します。土をよく洗い落とし、側面から出ている細い根はすべて切り落とします。残された少し太い根を三〜四センチメートルの長さの断片に切ります。

容器の底に、水を十分に吸収したティッシュペーパーを敷き、その上に、切断した根の一つの切片を置きます。切片には、どちらが上であるのかがわかるようにしておきます。容器には、水が蒸発してしまわないように、ラップで覆いをしておきます。この容器を、明るい室内の適切な温度の場所に置きます。

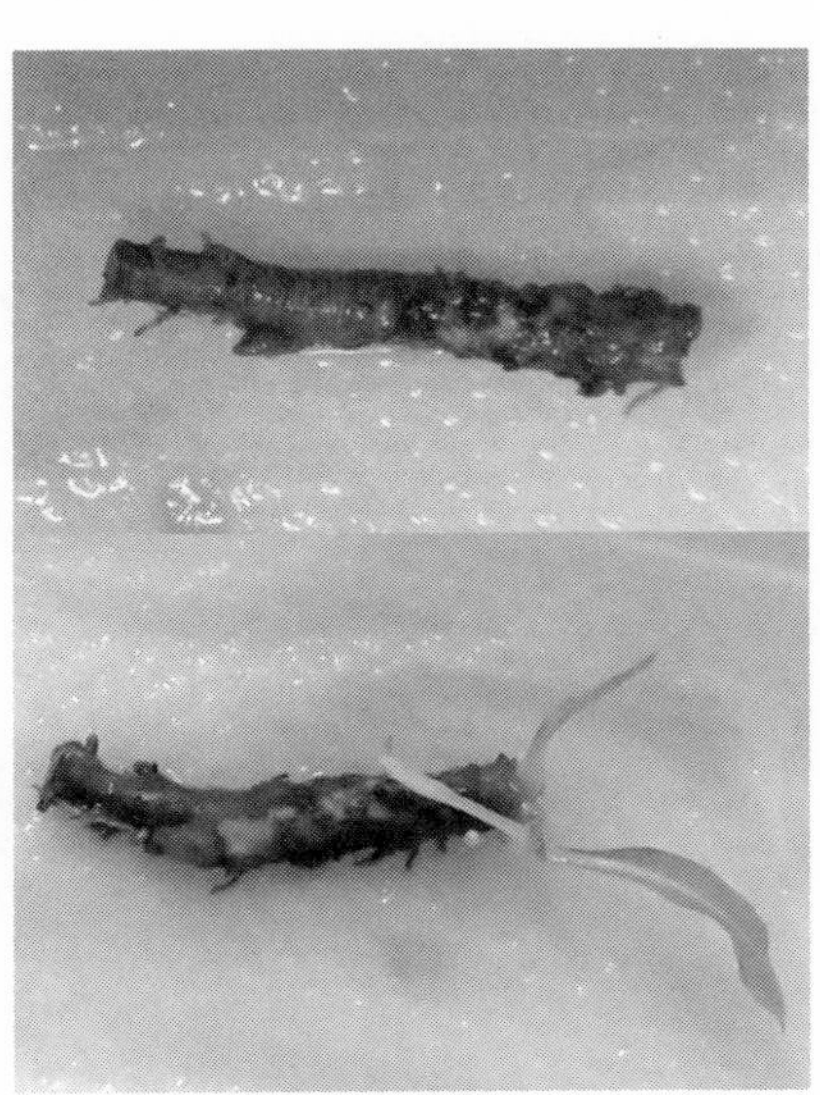

タンポポの根の再生　根をよく洗って数cmに切り、ぬらしたキッチンペーパーにのせ、イチゴのパックに入れてラップをかけておくと（上）、芽が出てくる（下）

十数日が経過すると、根

の切片から、葉っぱが出て、やがて、根が出ます。根の切片には、芽を出し、根を出して、完全な植物に育つ力が隠されているのです。しかも、切片の上部であったほうからは、芽が出て、その芽から葉っぱが出て、切片の下部であったほうからは、根が出てきます。

一つの根の切片に、芽が出るほうと根が出るほうが決まっているのです。つまり、根は、切片になっても、どちらが上であったのか下であったのかを記憶しているのです。

この性質は根だけでなく、「枝も、上と下を記憶している」ということがわかる実験が、ヤナギの小枝を使えばできます。

ヤナギの枝から、三〜四センチメートルの長さの切片を一個切り取り、乾燥を避けるために、湿った容器内につるしておきます。すると、切片の上部からは芽が出て、下部からは根が出てきます。芽と根を出し、枝もまた一つの植物のからだに戻る力があるのです。

しかも、芽は小枝の切片の上から出て、根は小枝の茎切片の下から出るというように、芽と根の出る位置は決まっているのです。この性質は、小枝の切片の上部と下部を逆さまにしてつるしておくと、確認することができます。

切片の上部を下にして、下部を上にしておきます。すると、下になった上部の部分からは芽が出て、上に向かって成長をはじめ、上になっている下部の部分から根が出て、下に向かって伸びます。

「なぜ、タンポポの根や、ヤナギの枝に、そのような能力があるのか」との疑問がおこります。これは、分化全能性によるものなのです。タンポポの根やヤナギの枝の細胞には、芽や根をつくり出すという旺盛な分化全能性があるからです。

「なぜ、小枝の切片の上の部分から芽が出て、下の部分から根が出るのか」との疑問もおこります。このように、根や枝の上と下の方向が決まっている性質は、「極性（きょくせい）」といわれます。

この性質は、根や枝の細胞が分化全能性を発現する場合に、その細胞が置かれている場所の制御を受けていることに基づいているのです。

第六章　いのちのつながりと広がりへの疑問

植物たちの存在なくして、私たち人間のいのちは保てません。たとえば、私たちの食べものは、植物により賄われています。主食である、おコメやムギ、トウモロコシなどは、植物たちがつくり出してくれる産物です。

私たちが、ウシやブタ、ニワトリなどの動物のお肉を食べていても、それらの動物が何を食べてお肉をつくったかをさかのぼると、植物たちに行きつきます。また、多くの野菜や果物が、食材として、旬を決めて、おいしい味覚を味わわせてくれ、健康に良い成分を供給してくれています。

食べものを離れても、毎日の生活の中でも、私たちは、多くの植物たちに取り囲まれて、ともに暮らしています。多くの種類の草花や樹木が、緑色の葉っぱで心を癒やしてくれ、季節ごとに、色とりどりの花を楽しませてくれます。自然環境は、植物の存在なくして成り立ちません。

このように、私たち人間のいのちを支えてくれている植物たちは、現在、世界中に生育地を広げています。植物の祖先は、約三〇億年前に海の中で生まれ、約四億七〇〇〇万年前に上陸しました。その当時、水分のあるジメジメした場所でしか、植物は生育し繁殖することができませんでした。

では、植物たちが、どのように、世界中に生育地を広げてきたのかに思いをめぐらせてください。「人間が、世界中で、植物を栽培しているからではないか」との答えがあるかもしれません。

しかし、たとえ人間が栽培するにしても、植物たちが世界中のあちこちの風土に適応し、いろいろな環境に耐えられるような性質をもっていなければ、栽培することは不可能です。植物たちが、生まれつきそのような性質をもっていたはずはないのです。

植物たちが、現在のように、世界中で、生育し栽培されていくためには、いくつもの性質を変化させなければなりませんでした。「人間が品種改良をして、植物の性質を変えてきたからではないのか」とも考えられます。

それも一つの原因ですが、人間は、植物の性質を改良できても、新しい性質をつくり出すことはできません。ですから、植物たちが、水分のあるジメジメした場所での生活から、現在のように、世界中のあちこちで繁殖するようになるには、植物たちは、自分自身で、いくつかの性質を変えるという画期的な変革を遂げなければならなかったはずです。

現在、私たちの身近で育っている植物は、それぞれ特有の性質を身につけていますが、陸上の植物は、大きな性質の違いから、二つのグループに分けられます。タネをつくる植物と、タネをつくらない植物です。タネをつくる植物には、被子（ひし）植物と裸子（らし）植物があります。

一方、多くの人から、「どのようにして、〝植物〟は生まれたのか」と質問されることがあります。これは、生命の誕生から、現在の植物までの進化をたどる、壮大な歴史が問われているように思われます。

ところが、質問者によく聞いてみると、この問いかけで期待されている答えは、多くの場合、約三〇億年前からの植物の祖先の誕生や進化の歴史ではありません。この質問の〝植物〟という語のイメージは、もう少し具体的です。

もっとも多くの人が興味をもっているのは、〝きれいな花を咲かせる植物〟についてです。私たちの身近にある植物で種類や本数がもっとも多いのは、きれいな花を咲かせる植物です。

ですから、「どのようにして、きれいな花を咲かせる植物が生まれてきたのか」という質問が多くなるのは、当然かもしれません。

きれいな花を咲かせる植物とは、被子植物です。ですから、「どのようにして、〝植物〟は生まれたのか」との質問は、「被子植物が、どのように生まれてきたのか」という疑問に置き換えられます。

次に多く興味がもたれるのは、〝タネをつくる植物〟についてです。身近にある植物の多くは、タネをつくり、タネから育つことが知られています。ですから、この場合、「どのようにして、〝植物〟は生まれたのか」との質問では、「タネが先に生まれたのか、植物が先に生まれたのか」という疑問がもたれているのです。

そこで、本章では、これらの二つの〝植物〟についての疑問に答える形で、植物たちが、自分自身の性質の変革を果たしながら、どのように、いのちをつなぎ、その生息地域を広げてきたかを紹介しましょう。

（一）被子植物の誕生

きれいな花を咲かせる植物は、どのように生まれたのか？

ごく身近に多く育っている〝きれいな花を咲かせる植物〟は、どのようにして、生まれたのでしょうか。〝きれいな花を咲かせる植物〟は、身近にいろいろあります。ユリやバラ、ウメやサクラ、アサガオやヒマワリ、ツバキやサザンカ、カーネーションやチューリップなどです。

これらは、植物学的には、「被子植物」というグループになります。被子植物には、イネやコムギ、トウモロコシなどのように、きれいな花びらをもたない花を咲かせる植物も含まれますが、〝きれいな花を咲かせる植物〟といえば、被子植物になります。

それに対し、花を咲かせますが、花びらをもたないために、〝きれいな花を咲かせない植物〟もあります。イチョウやソテツ、マツやスギ、ヒノキなどで、それらは、植物学的には、「裸子植物」といわれます。

被子植物は、裸子植物から生まれてきたと考えられています。最初の被子植物の花の化石は、北アメリカの白亜紀（はくあき）の地層から発見されています。白亜紀というのは、約一億四〇〇〇万年前から約六五〇〇万年前までの時代を指します。

その化石の植物は、「アルカエアントゥス」と名づけられています。「アルカエ」は古代を意味し、「アントゥス」は花のことです。ですから、この名前は「古代の花」ということになります。「どのような姿で、どのような花を咲かせていたのか」と気になります。しかし、残念ながら、これがどのような植物であったかは、諸説があり、定かではありません。

最古の被子植物の果実の化石は、中国の白亜紀初期の地層で見つかっています。その化石の植物は、「アルカエフルクトゥス」と名づけられています。「フルクトゥス」は果実のことで、「アルカエ」は古代を意味するので、この名前は、「古代の果実」ということです。モクレンによく似た花と果実をつけており、現在のモクレンの祖先と考えられています。

また、二〇一五年に、最古の被子植物としてアメリカの科学誌に発表されたのは、「モントセキア」という植物でした。この化石は、一億数千万年前の、スペインやフランスあたりの石灰岩鉱床で発見されています。

「きれいな花を咲かせる被子植物は、裸子植物から生まれてきたが、裸子植物と比べて、どのような性質の違いがあるのか」との疑問がおこります。被子植物には、裸子植物にはない、三つの大きな特徴があります。

一つ目は、被子植物は、きれいな色の花びらをもつ花を咲かせることです。裸子植物も花を咲かせますが、その花には、花びらはありません。きれいな色の花びらをもつという性質は、多くの身近な花がもっているので、その意義をあらためて深く考えることはありあり ませんん。しかし、被子植物にはきれいな花びらがあるという性質が、その後の被子植物の発展をもたらしたのです。

裸子植物では、ソテツは虫に花粉の移動を託していますが、イチョウ、マツやスギ、ヒノキなどの多くの裸子植物は、花粉の移動を風に託しています。ですから、花粉の移動に動物の助けを求めません。ということは、裸子植物は、生殖に際し、昆虫や鳥などの動物と積極的にかかわることはないのです。

それに対し、被子植物は、きれいな色の花を咲かせないイネ科の植物たちなどの例外はありますが、きれいな花びらのある花でハチやチョウなどを誘い、花粉の移動をそれらに託します。ツバキ、ビワ、サザンカなどのように、メジロやヒヨドリなどの鳥に託す植物たちもあります。

被子植物は、花粉の移動を虫や鳥にしてもらうために、虫や鳥とのかかわりを積極的にもちはじめた植物です。虫や鳥を誘い込むために、きれいな色や形の花びらをつくり、香りを漂わせ、虫や鳥がほしがる蜜も準備するようになったのです。

被子植物は、そのおかげで、花粉の移動を、確実に花に運んでくれる虫や鳥に託すように

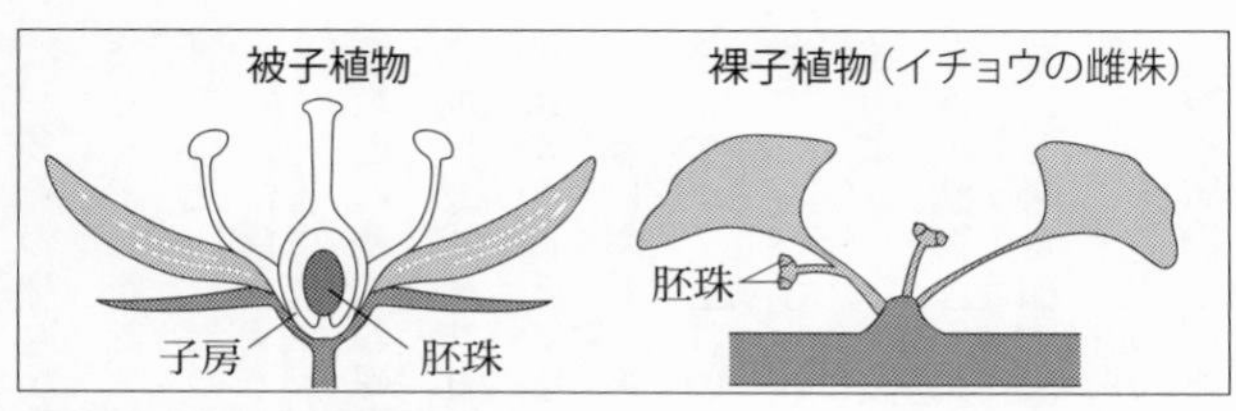

被子植物と裸子植物の違い

なりました。どこへ吹いていくかわからない風に花粉を運んでもらうよりは、効率よく受粉が行われるようになりました。

二つ目の大きな違いは、花の構造です。裸子植物の花にも被子植物の花にも、「胚珠（はいしゅ）」とよばれる部分があり、タネをつくるもとになる卵細胞は、この中にあります。しかし、裸子植物では、胚珠が裸のような状態で、花からむき出しになっているので、「裸」という字が使われています。

被子植物では、裸子植物ではむき出しになっていた胚珠が、メシべの基部に移動し、「子房」とよばれるもので包み込まれました。裸子植物に比べて、胚珠が子房で守られるようになったのです。被子植物では、胚珠が子房に包み込まれているので、「被（おお）われている」という意味で、「被」という字が使われます。

裸子植物には、大切な子孫（タネ）をつくる胚珠が露出しているという欠点があります。露出していれば、雨や風、熱や乾燥などにさらされてしまいます。そこで、それを補うように、被子植物とよばれる植物たちが生まれてきたのです。

裸子植物と被子植物の三つ目の違いは、多くの被子植物たちは、おいしい果肉をもつ果実をつくるようになったことです。果実の中には、タネがつくられます。そのため、動物にこれを食べてもらえば、そのときにタネは飛び散り、散布されます。

また、動物がタネを飲み込めば、糞といっしょにどこかにまいてもらうことができます。そのおかげで、植物たちは、自分が動きまわることなく、新しい生育地の範囲を広げることができるようになったのです。

被子植物には、おいしい果肉をつけないタネもあります。それらは、自分で飛び散ったり、風に乗って運ばれたりします。また、動物のからだに付着して、遠くに散布されて生育地を広げているものもあります。

このように、被子植物は、動物との関係を深め、動物を利用することにより、ものすごい繁殖力で、生育する範囲を広げました。また、広がった土地の風土に合わせて、被子植物の種類は増加しました。現在、ある調査では、裸子植物が約八〇〇種に対して、被子植物は約二五万種あるといわれます。

私たち人間が主に利用しているのは、タネを食べるイネ科の穀物を除くと、きれいな花を咲かせるものや、果実をつくる野菜や果物です。これらは、裸子植物とは異なる大きな特徴を身につけることを成し遂げた植物たちです。

そのため、野菜や果物では、その栽培地域は飛躍的に広がって、その種類も多くなり、私たちと植物たちとの関係はますます緊密さを増してきたのです。

植物とタネ、どちらが先に生まれたのか？

「どのようにして、〝植物〟は生まれたのか」という質問に出てくる〝植物〟は、〝タネをつくる植物〟を指していることがあります。その場合、これは、「〝タネをつくる植物〟は、どのように生まれてきたのか」が問われていることになります。

はじめてタネをつくり出した植物は、裸子植物です。裸子植物は、約三億年前に、花を咲かせることのないシダ植物から生まれてきたもので、植物として、はじめて花を咲かせ、タネをつくりました。しかし、「その植物は、どうして生まれてきたのか」との疑問がありま す。

動物には、昔から、多くの人々を悩ませてきた疑問があります。「卵が先か、ニワトリが先か」というものです。ニワトリが卵を産み、卵からヒヨコが生まれ、ニワトリになります。

ですから、ニワトリがいなければ、卵は生まれないし、卵がなければ、ニワトリは生まれません。ですから、「どちらが、先に生まれたのか」という疑問になります。

植物にも、これと似た疑問がもたれます。「タネか、植物か、どちらが先に生まれたのか」というものです。「植物が先に生まれて、タネがつくられたのか、あるいは、タネが先にできたから、植物が生まれてきたのか」という疑問です。

ところが、卵とニワトリの場合と、タネと植物の場合では大きな違いがあります。卵とニワトリのどちらが先かはむずかしいですが、タネと植物のどちらが先かについては、何の悩みもありません。「植物が、先に生まれている」と答えることができます。

なぜなら、植物には、タネをつくる植物がありますが、タネをつくらない植物もあるからです。これらは、コケ植物やシダ植物です。これらの植物は、花を咲かせないので、タネをつくりません。

タネをつくらないコケ植物やシダ植物が、タネをつくる植物より先に生まれています。つまり、「植物が、タネより先」なのです。これらの植物は、タネをつくらず、胞子というものをつくって増えます。

コケ植物やシダ植物は、水辺、あるいは、ジメジメとした土地にしか、繁殖していけません。「これらは、ジメジメとした湿ったところを好む植物たち」と思われることがあります。でも、それは、好むとか好まないとかいう好き嫌いの問題ではありません。これらの植物は、そのような場所でしか、子どもをつくり、いのちをつないでいくことができないのです。

裸子植物や被子植物には、花の中に「胚珠」とよばれる部分があり、タネをつくるもとになる卵細胞は、胚珠の中にあります。それに対し、コケ植物やシダ植物は、花を咲かせませんから、花粉も胚珠もありません。

これらの植物の精子は、自分で水の中を泳いで卵細胞にたどりつかなければなりません。水分の十分あるジメジメとした場所では、それでよいのですが、乾燥した場所では、それはできません。そのため、コケ植物やシダ植物は、ジメジメした土地でしか、子どもをつくり、いのちをつなぐことはできないのです。

それに対し、シダ植物から進化した裸子植物は、花を咲かせることにより、花粉をつくり、子ども(タネ)をつくる部位である胚珠を、花の中に準備しました。そのおかげで、裸子植物の精子、あるいは、精細胞は、花粉に包み込まれて、乾燥した場所ででも、胚珠の中にある卵細胞に行きつけるようになったのです。

ですから、もしも、植物が花を咲かせて花粉をつくるという大変革を遂げなければ、植物の生育できる範囲は、ごく限られており、その世界は、たいへん狭小で貧弱なものでしかなかったでしょう。

「イチョウやソテツ、マツやスギ、ヒノキなどの裸子植物は、シダ植物から生まれたのです。これらは、はじめて花を咲かせて、タネをつくり出しました」と紹介しても、多くの人には、イチョウやマツ、スギやヒノキなどが、どのような花を咲かせるのか、思い浮かびません。

それもそのはずで、これらの植物の花には、花びらはないからです。多くの裸子植物は、花を咲かせますが、花粉の移動を虫ではなく風に託します。そのため、虫を呼び込むためのきれいな花びらは必要がなかったのです。

それでも、花を咲かせ、花粉をつくり、タネができることにより、植物たちの生育地域は飛躍的に広がりました。花粉は、風に乗って移動することができ、タネは、暑さや寒さなどに耐えて、生きのびることができるからです。

裸子植物は、水の乏しい陸地でも、乾燥地でも、子どもをつくり、いのちをつないでいけるようになったのです。こうして、植物たちの生育できる範囲が、コケ植物やシダ植物よりも急激に広がりました。

(二) 植物に〝他力本願〟はないのか?

個体としてのいのちのつながり

植物たちのいのちは、自給自足、自己防衛、自力本願の力で支えられていることを紹介してきました。では、「自分の力だけで生きていけるという植物たちにとって、私たち人間との出会いは何の影響もなかったのか」との疑問がおこります。

現在、私たち人間は植物たちと緊密にかかわっています。ですから、「植物たちのいのちのつながりと広がりに当然関係し、それらに貢献もしているはずである」と、私たちは自負を感じることもあります。

そのような思いをもって、身近な植物たちを思い浮かべてみると、家の中で栽培しているポトス(オウゴンカズラ)という植物が目につきます。ポトスとは、サトイモ科に属するツル性の観葉植物で、「植物栽培の初心者でも、容易に栽培できる」といわれる植物です。

この植物は、茎を切って水につけておくだけで、葉っぱを生やして成長し、いつまでも生き続けます。葉っぱのつけ根から根が生えますから、数枚の葉っぱをつけて茎を切り取り、水に挿しておくと、何ごともなかったように、葉っぱが生えて成長し、生き続けます（175ページ写真）。

家の中で、人間がきれいな水にときどき替えるくらいの世話で、一つの個体のいのちが何年間も何十年間も生き続けるのです。しかし、もし人間が水を替えなければ、菌や藻類が水の中に繁殖して、この植物のいのちは失われるはずです。

第五章では、バラ、ツツジ、アジサイ、イチジクなどが、挿し木で増やしやすい代表的な植物として知られていることを紹介しました。これらは、植木鉢や花壇の土に植えられるので、実際に挿し木によって何年間もいのちがつながれているということは実感しにくい面があります。しかし、ポトスの場合には、家の中での栽培ですから実感しやすいし、水につけるだけという容易さもあって、そのいのちをつなぎ、数十年間、個体を増やし続けている人も、めずらしくありません。

また、〝ど根性大根〟と語り継がれる、ダイコンのいのちのつながりが話題になることがあります。私の不確かな記憶や勝手な思いが混じっているかもわかりませんが、このダイコンのいのちのつながりの様子を紹介します。

二〇〇五年一二月、兵庫県相生（あいおい）市で、一本のダイコンが見出されました。そのダイコンは、

相生市の道路の割れ目に生えたど根性大根
（写真・読売新聞社）

アスファルト舗装の道路のごく少しの割れ目に芽生え、人知れず成長し、ついにはみごとに食用となる根部を丸々と太らせたのです。

この姿が発見されて、恵まれない環境の中で生き、根部を太らせた姿が〝ど根性大根〟として、新聞やテレビなどのメディアで報じられました。この報道は、私たちに、植物の生きる力の強さやたくましさを見せつけてくれました。

ところが、この報道がなされた何日後かに、このダイコンは、誰かに地上部を引きちぎられるように折られてしまいました。その姿は再び報道され、心ない行為に多くの人々は心を痛めました。しかし、〝ど根性大根〟は、丸々と太った大根が折られるという仕打ちに、心が折れることなく、負けてはいませんでした。

引きちぎられるように折られた地上部は、葉っぱをつけたままの姿で発見されました。葉っぱはしおれていましたが、地元の人々が水を入れた容器にその根部をつけておくと、しおれていた葉っぱは元気を取り戻したのです。

そこで、近年、発達してきた人為的な栽培方法で、元気を取り戻した部分から、小さな芽が取り出され、苗が育てられました。その苗は、花を咲かせ、そのあとには、タネができたのです。

地元の人々は、そのタネを採取して、ダイコンを大切に育て、〝ど根性大根〟の子孫の栽培をはじめたのです。現在、十数代目になると思われますが、〝ど根性大根〟は、栽培され続け、相生市の特産物となっています。

この〝ど根性大根〟の話は絵本にもなり、〝ど根性大根〟は、〝大ちゃん〟の名前で、相生市のシンボル・キャラクターにもなって、活躍しています。

このダイコンの一つの個体としてのいのちは、ふつうには、尽きています。しかし、そのいのちは、〝ど根性大根〟のいのちとして、地元の多くの人々と出会ったことによって、生き続けているのです。

個体としてのいのちが、人間と出会うことによって、一〇〇〇年以上も保たれている例も近年話題になりました。全国天満宮の総本社である北野天満宮（京都市上京区）の本殿の前に植えられている「紅和魂梅」という御神木で、樹齢三五〇～四〇〇年といわれる紅梅です。

このウメは、この神社に祀られ、「学問の神様」と崇められる菅原道真が京都から大宰府に移ったとされる九〇一年に、「東風吹かば　匂ひおこせよ　梅の花　主なしとて　春を忘るな」と詠まれたウメの木です。今から、約一一〇〇年前の話です。

しかし、その木の樹齢が三五〇〜四〇〇〇年では、道真が京都を去った九〇一年からとは、年数が合いません。この矛盾は、この木の地下部の根の遺伝子と、地上部の枝の遺伝子を調べることで解決しました。両方の遺伝子は異なっていたのです。つまり、三五〇〜四〇〇〇年前の江戸時代に接ぎ木されることで、いのちをつないでいたのです。

植物を栽培する技術の一つに、接ぎ木というのがあります。これは、根を生やして育つ植物の茎や幹の上部を切り落とし、その切断面に割れ目を入れて「台木」とし、台木の割れ目に育てたい植物の芽をもつ茎や枝を「穂木」として差し込んで癒着させ、一本の植物につなげてしまう技術です。

ここで紹介した、ポトス、ど根性大根、紅和魂梅の個体としてのいのちは、人間との出会いによってつながってきたものです。「植物は、自力本願で生きているとはいうものの、他力本願といってもいい、いのちのつなぎ方をしているのではないか」と思われます。

種(しゅ)としてのいのちのつながり

個体としてのいのちのつながりではなく、一つの植物の種類としてのいのちのつながりが、人間との出会いによってもたらされたものがあります。たとえば、代表的な植物はキンモクセイです。

この植物は、秋に、印象深い甘い香りを発散させて、小さな黄金色の花を多く咲かせます。ところが、誰もタネを見たことがありません。なぜ、日本のキンモクセイにはタネができないのでしょうか。

キンモクセイは、イチョウやキウイフルーツ、サンショウなどと同じように、雄株と雌株が別々の雌雄異株の植物です。雄株にはタネができませんが、雌株にはタネができます。ですから、キンモクセイでも雌株には、タネができるはずです。

ところが、日本のキンモクセイは、すべてが雄株なのです。江戸時代に中国から日本にもたらされたのは雄株だけなのです。そのため、花粉はできるのですが、その花粉を受けて、タネをつくる雌株が存在しないのです。

もう一つの植物が、ジンチョウゲです。この植物は、早春に甘い香りで春の訪れを告げる植物です。秋に花咲くキンモクセイ、初夏に花咲くクチナシとともに、甘い香りを強く放つ

「三大芳香花」の一つです。

この植物には、良い香りを漂わせること以外に、キンモクセイと共通の性質がもう一つあります。タネができないのです。ジンチョウゲは、小さい花をいっぱい咲かせるのですが、タネをつくりません。

しかも、その理由は、キンモクセイと同じように、日本には雌株がほとんどないためです。印象深い甘い香りを発散させて春に花を咲かせているのは、すべて雄株なのです。

しかし、キンモクセイやジンチョウゲは、身近に多く栽培されています。タネができないのに、どうして増えたのでしょうか。これは、私たち人間が、主に「挿し木」で、人工的に増やしているのです。挿し木とは、枝を切り取り、切り口の基部を土に挿し、根を出させて、新しい株をつくる方法です。

これらの植物は、人間と出会うことで、挿し木によって、いのちをつないできた植物です。ほかにも、人間と出会うことをきっかけに、「挿し木」ではなく、「接ぎ木」によって、他力本願と思われるようないのちのつながりをしてきた植物は多くあります。名前の知られた花木などです。サクラのソメイヨシノが接ぎ木で増やされていることはよく知られていますが、ここでは、サクラの「河津桜（かわづざくら）」について紹介します。

河津桜の原木

河津桜は、ソメイヨシノの開花予報が出はじめる三月上旬には、もうあちこちであざやかなピンク色の花を満開に咲かせています。二月上旬からツボミが開きはじめ、ほぼ一ヵ月をかけて、花は満開になります。

一つの花の寿命は短いですが、木全体としては、開花している期間が長いのが特徴です。そのため、「三日見ぬ間の桜かな」という世の中の移り変わりの激しさを、このサクラにたとえることはできません。

河津桜は、早咲きであること、花があざやかなピンク色であること、開花期の長さなど、観賞用のサクラとしてのすばらしい性質を合わせもちます。そのため、「さぞ、苦労して、品種の交配を重ねてつくられたサクラだろう」と想像されます。

しかし、そうではありません。その生い立ちは思いもかけないものです。

一九五五年二月のある日、静岡県伊豆半島の河津町の河津川沿いの枯れた雑草の中で一本の苗木が芽生えていました。発見者が家に持ち帰って育てると、一一年後の一九六六年一月下旬からあざやかなピンク色の花が咲きはじめました。

一九六八年から、このサクラを増殖し普及につとめる人も出て、一九七四年、発見された町名にちなんで「河津桜」と命名されました。現在もその地に原木（樹齢約六〇〜七〇年、樹高約一〇メートル、幹の周囲一一五センチメートル）が残されています。

偶然に生まれた一本の苗木から、接ぎ木、接ぎ木を経て、全国に広げられていったものです。もし人間と出会わなければ、このようないのちのつながりや広がりはなかったはずです。その後の研究で、このサクラは、自然の中で、オオシマザクラとカンヒザクラを両親として生まれたものと考えられています。

ここで紹介した、キンモクセイ、ジンチョウゲ、河津桜の植物の種類としてのいのちは、人間との出会いによってつながり広がってきたものです。「植物は自力本願で生きているとはいうものの、他力本願といってもいい、いのちのつなぎ方や広がり方をしているのではないか」と思われます。

果物の品種としてのいのちのつながりと広がり

一つの個体や植物の種類としてのいのちのつながりではなく、植物の品種としてのいのちのつながりと広がりが、人間との出会いによってもたらされたものがあります。たとえば、果物の世界です。果物の新しい品種の生まれ方には、「偶発実生（ぐうはつみしょう）」、「枝変（えだがわ）り」、「交配」などがあります。

一つ目の「偶発実生」とは、偶然に、新しい品種の芽生え、あるいは、実をつけた果樹の芽生えが見つかる場合です。そのため、親の品種名などはわかりません。

偶発実生の代表的な例は、ナシの品種「二十世紀（にじっせいき）」です。この芽生えは、一八八八年、現在の千葉県松戸（まつど）市の民家のゴミため場の中で、芽生えていました。どんな親から生まれてきたタネが発芽したのかは、不明でした。当時一三歳の少年によって、その芽生えは見出され、その後、この品種は一世を風靡（ふうび）しました。その少年が、のちに、「〝二十世紀〟梨の生みの親」と称される松戸覚之助（まつどかくのすけ）氏でした。

ナシでは、「長十郎（ちょうじゅうろう）」という品種も偶発実生で生まれています。一八九三年ころ、現在の神奈川県川崎（かわさき）市のナシ園で、当麻辰次郎（とうまたつじろう）氏が見つけました。当麻家の屋号が「長十郎」であったため、その名前が品種につけられました。

モモの有名な品種に、「日本のモモの元祖」といわれる白いモモの「白桃」というのがあります。これは、一八九九年に、岡山県で偶然に見つかった品種で、偶発実生です。果肉の上品な白さと口あたりの良さで、栽培地を広げ、名声を高めました。

また、モモには、「川中島白桃」という人気の品種があります。戦国時代に、武田信玄と上杉謙信が激突した長野県長野市の「川中島の戦い」で知られる川中島でポッンと生まれていた偶発実生です。一九七七年に、その地の名前にちなんで命名されました。

二つ目の「枝変り」は、茎や枝の先端にある芽で突然変異がおこったものです。芽は、新しい葉っぱをつくり出しながら茎や枝を伸ばす部位です。ですから、芽で突然変異がおこると、そこから伸びた茎や枝が、他の部分と違った、新しい性質になるのです。

枝変りで生まれた品種の一つに、カキの「刀根早生」があります。これは、一九六一年、奈良県天理市のカキ園で、ふつうより約一ヵ月も早く、おいしそうに色づいた果実のなる枝が発見されました。タネなしの有名品種「平核無」の栽培中に、枝変りがおこったのです。

私たちがふつうに食べる温州ミカンでも、枝変りで有名な品種が生まれています。皮のきめが細かくきれいな色で、甘くて酸味があるので人気のある「宮川早生」がその代表的な品種です。これは、温州ミカンの栽培中に、現在の福岡県柳川市の宮川謙吉氏の宅地内で、見出されたものです。

イヨカンでは、一九五〇年代に、愛媛県松山市の宮内義正氏によって、枝変りが見つけられました。一本の枝にだけ、成熟が早く、色がきれいな、多くの果実がなっていました。果皮は薄く、タネも少なく、味は酸味が弱く、甘みが強く感じられました。このイヨカンは、発見者の名前にちなんで、「宮内イヨカン」と名づけられました。その後、栽培が広がり、現在市販されているイヨカンは、ほとんどがこの品種です。

三つ目の「交配」とは、人間が、果物の性質の改良を意図し、計画的に、新しい品種をつくり出すものです。たとえば、ある果物に、「甘いけれども、日持ちが良くない」という品種と、「甘くないけれども、日持ちが良い」という品種があるとします。この二つの品種を両親にして子どもをつくると、「甘くて、日持ちが良い」という子どもが生まれることが期待されます。

私たちに都合の良い性質ばかりが発現するとは限りませんが、実際に、甘いけれども日持ちがしない「黄玉」と、甘みは薄いけれど日持ちがする「ナポレオン」という品種をかけ合わせて、うまく見つけ出してきたのが、「佐藤錦」です。これは、「フルーツの女王」とよばれる、美しくおいしいサクランボですが、一九一〇年代から一〇年以上をかけて、現在の山形県東根市の佐藤栄助氏によって生み出されたものです。

この方法で、身近にある多くの秀でた品種が生まれています。たとえば、ブドウやナシ、柑橘類やリンゴなどで、私たちがよく食べている品種が多くつくり出されています。

近年のブドウの代表的な品種は、「シャインマスカット」です。このブドウは、タネなしであり、皮ごと食べられるので、人気があります。これは、一九八八年に、広島県東広島市の果樹試験場安芸津支場（現・農研機構果樹研究所ブドウ・カキ研究拠点）で、「安芸津21号」に「白南」を交配して生まれ、二〇〇三年に、シャインマスカットと命名され、二〇〇六年に品種登録されました。

「ブドウの王様」といわれる「巨峰」は、一九四二年に、「センテニアル」と「石原早生」という品種の交配で、現在の静岡県伊豆市で生まれて、品種登録は「石原センテニアル」という名前で、商標名が「巨峰」です。

この「巨峰」を母親として生まれたのが、イタリア語で「開拓者」の意味をもつ「ピオーネ」です。これは、外国生まれのようですが、日本生まれです。ピオーネは、巨峰の自家受粉によって生じたとの説があります。しかし、巨峰を母親とし、「果物の宝石」といわれる

「マスカット・オブ・アレキサンドリア」と血縁のある「カノンホールマスカット」を父親として、静岡県で生まれ、一九七三年に、命名されて登録されたともいわれています。

一九四九年には、柑橘類の「清見」という品種が、温州ミカンの「宮川早生」を母親とし、トロビタオレンジを父親として生まれました。これは、静岡市清水区にある清見潟で生まれたので、その地名にちなんで、一九七九年に、「清見」と命名されました。

ナシでは、「赤ナシの王者」といわれる「幸水」は、「菊水」と「早生幸蔵」という品種が交配されて生まれました。また、「秋」に収穫され、果実が「月」のようにまん丸なので、「あきづき」と命名されたナシは、「新高」と「豊水」という品種を交配したもの（「にっこり」）に、「幸水」をかけ合わせて生まれたものです。

リンゴの「ふじ」も、交配で生まれた果物の一つです。これは、一九三九年、青森県の果樹試験場で、「国光」と「デリシャス」という品種のかけ合わせでつくり出されました。「ふじ」という名は、生まれた果樹センターがあった藤崎町の「藤」と、「富士山」のように日本一の品種に育つようにとの思いが込められて、一九六二年に登録されたといわれます。また、育成者が、女優の山本富士子さんの大ファンであったので、「ふじ」になったとの説もあります。

一本の原木と枝から！

新しい果物の品種が、どの方法で生まれたとしても、最初の芽生えや枝には、共通していることがあります。それは、「最初は、たったの一本の木、あるいは、一本の枝しかない」ということです。偶発実生や交配の場合には、一本の木であり、枝変りの場合には、一本の枝でしかありません。

「どのようにして、一本しかない木や枝を増やすのか」と考えてください。果樹園の中では、株が何本あっても、同じ品種である限り、色、形、味、香り、大きさなどのすべてが同じ果実が実らなければなりません。さらに、一つの果樹園だけでなく、どこの果樹園で栽培されていようと、同じ品種である限り、色、形、味、香り、大きさなど、同じ果実がつくられなければなりません。

そのためには、「接ぎ木」で増やされるのです。接ぎ木で増やすと、同じ性質の株がつくり出されてくるからです。しかし、これは困ったことも生み出します。困ったこととは、ナシやリンゴ、ウメやサクランボなどが、第四章の第一節で紹介した「自家不和合性」という性質をもつことです。

接ぎ木で生まれた株は、すべてが遺伝的な性質は同じであり、違う株にできる花粉であっても、自分の花粉とまったく同じです。ですから、果樹園の中に同一品種、たとえば、リンゴの「ふじ」やナシの「幸水」だけが栽培されていると、すべての株は同じ遺伝的な性質をもつので、株が違っても、自家不和合性のために受精が成立しません。

受精が成立しないとタネができません。タネができないと、実がなりません。植物たちがおいしい果肉のついた果実をつくるのは、動物が食べるときに、タネをまき散らしてくれるようにするためです。また、タネを飲み込んでくれたら、どこかに移動して、糞といっしょに排出してくれるようにするためです。

そうすれば、植物たちは、自分が動きまわることなく、新しい生育地を獲得することができます。ですから、タネができなければ、植物たちには、果実をつくる意味がなく、果実はつくられません。

そのような果樹に果実を実らせるためには、同じ品種を栽培する果樹園の中に、花粉を提供してくれる他の品種の株をわざわざ植えておかねばなりません。これらの株は、「受粉樹」とよばれます。

あるいは、人間が、他の品種の花粉を集めてきて、人工的に、その花粉をかけなければならないのです。人間がハチやチョウの代わりをするので、「人工受粉」といわれます。人工受粉は、毎年、ナシやリンゴ、ウメやサクランボなどが栽培されている果樹園で行われる春の風物詩です。

このような面倒を避けるためには、別の性質をもつ品種を生み出す努力をしなければなりません。別の性質とは、自分の花粉がついて果実がなるという「自家結実性」です。たとえば、最近、ウメで、自家結実性の新品種が交配で生み出されて話題になりました。

二〇二〇年二月、ウメの有名品種「南高」の産地で知られる和歌山県みなべ町の県果樹試験場うめ研究所が、自家受粉で果実が実るウメの新品種「星秀」を開発したことを発表しました。

この品種は、「南高」を母親とし、「剣先」を父親として交配して育成されました。南高は、梅干しにすれば皮が薄くてやわらかく、大きいことで人気が高い品種です。剣先は、農薬の散布なしでは防除が困難な「黒星病」という病気に強く、自家結実性の品種です。

二つの品種を交配して得られた一万本以上の苗木の中から、両方の品種のいいところを受け継いだ苗木を選抜して、新品種が育成されました。研究をはじめて約二〇年間を要した「苦心の作」といわれます。

果実は「南高」より少し小さいのですが、タネが小さいので果肉は厚くなり、皮が薄くて果肉がやわらかく大きいという南高の果実の品質にも負けない品種です。また、自家結実性なので、人工受粉は必要なく、低温などでミツバチによる受粉がうまくいかない年でも、安定した結実が見込まれるようです。

それに加えて、開花時期が南高とほぼ同じなため、南高の受粉樹として、混植しても役に立つのです。

植物たちとの共栄!

本章の前半部では、植物たち自身が遂げてきた変革により身につけた性質によって、今日の植物たちのいのちがつながり広がっていることを紹介しました。植物たちが自力本願で、いのちをつないできた姿といえます。

一方、本章の後半部の「個体としてのいのちのつながり」では、ポトス、ど根性大根、紅和魂梅などが、人間との出会いによって、いのちがつながっている例を紹介しました。

また、本章の「種としてのいのちのつながり」でも、キンモクセイ、ジンチョウゲ、河津桜の植物種としてのいのちは、人間との出会いによってつながってきたものであることを紹介しました。

これらのことを考えると、「植物たちがいのちをつなぎ広げていくのは、自力本願だといいながら、他力本願ではないのか」との思いがよぎります。しかし、植物たちからすれば、「人間が自分たちのために、私たちの力を利用しているだけ」と割り切っているかもしれません。

ど根性大根が、花を咲かせ、タネをつくり、いのちをつないだのは、人間が植物の力を発揮できる環境を準備しただけです。ポトスがいのちをつないでいるのも同じです。挿し木や接ぎ木など、植物たちが人間の助けを借りていのちをつないでいるように見える現象は、第五章で紹介した、植物たちのもつ「分化全能性」という性質に基づいているのです。

一見、他力本願的に見える、植物たちのいのちのつながりと広がりには、植物たちの自力本願の力が陰に隠れて存在しているのです。ですから、それを理由に、植物たちは、「自力本願ではない」などといわれるのは、心外でしょう。

とはいえ、本章の「果物の品種としてのいのちのつながりと広がり」と「一本の原木と枝から！」の項で紹介した、果物の品種のいのちは、人間の助けがあってこそ生まれたものです。偶発実生や枝変りで生まれたいのちは、人間が見つけ出さなければ見逃されてしまい、そのいのちはつながることも広がることもできなかったものです。また、交配で新しいいのちを生み出すことなどは、人間の新しい品種をつくろうという心意気と、そのための苦労や努力の積み重ねによって、成し遂げられているものです。

たしかに、植物たちは、自給自足で生き、自己防衛で自分を守り、自力本願で、いのちをつなぎ広げていくという、強くたくましい力をもっています。そのため、植物たちは自分で生きていくことはできるでしょう。しかし、それだけでは、私たち人間とともに栄える〝共栄の世界〟は、築かれません。

私たち人間は、植物たちの力を利用し、同時に、それらの力に頼って新しいいのちを生み出す努力をし、植物たちの繁栄に貢献します。そして、私たち人間は、植物たちとともにいのちをつないでいく世界を構築しようとしています。

だからこそ、現在、「植物たちは、私たち人間と共存、共生し、ともに栄えている」と表現される世界が達成されているのです。今後も、お互いが寄り添うように力を合わせて生きることで、共栄する世界を発展させていかなければなりません。

参考文献

A. W. Galston, *Life Processes of Plants*, Scientific American Library, 1994.

P. F. Wareing & I. D. J. Phillips 著、古谷雅樹監訳『植物の成長と分化』〈上・下〉学会出版センター　１９８３

田中修『緑のつぶやき』青山社　１９９８

田中修『つぼみたちの生涯』中公新書　２０００

田中修『ふしぎの植物学』中公新書　２００３

田中修『クイズ植物入門』講談社ブルーバックス　２００５

田中修『入門たのしい植物学』講談社ブルーバックス　２００７

田中修『雑草のはなし』中公新書　２００７

田中修『葉っぱのふしぎ』ＳＢクリエイティブ　サイエンス・アイ新書　２００８

田中修監修、ＡＢＣラジオ「おはようパーソナリティ道上洋三です」編『おどろき？と発見！の花と緑のふしぎ』神戸新聞総合出版センター　２００８

田中修『都会の花と木』中公新書　２００９

田中修『花のふしぎ１００』ＳＢクリエイティブ　サイエンス・アイ新書　２００９

田中修『植物はすごい』中公新書　２０１２

田中修『タネのふしぎ』ＳＢクリエイティブ　サイエンス・アイ新書　２０１２

田中修『植物のあっぱれな生き方』幻冬舎新書　２０１３

田中修『フルーツひとつばなし』講談社現代新書　２０１３

田中修『植物は命がけ』中公文庫　２０１４

田中修『植物は人類最強の相棒である』ＰＨＰ新書　２０１４

田中修『植物の不思議なパワー』ＮＨＫ出版　２０

15
田中修『植物はすごい　七不思議篇』中公新書　2015
田中修『植物学「超」入門』SBクリエイティブ　サイエンス・アイ新書　2016
田中修『ありがたい植物』幻冬舎新書　2016
田中修『植物のひみつ』中公新書　2018
田中修『植物のかしこい生き方』SB新書　2018
田中修『植物の生きる「しくみ」にまつわる66題』SBクリエイティブ　サイエンス・アイ新書　2019
田中修『植物はおいしい』ちくま新書　2019
田中修『日本の花を愛おしむ』中央公論新社　2020
田中修・丹治邦和『植物はなぜ毒があるのか』幻冬舎新書　2020
田中修『植物のすさまじい生存競争』SBクリエイティブ　SBビジュアル新書　2020
田中修・高橋亘『知って納得！　植物栽培のふしぎ』B&Tブックス　日刊工業新聞社　2017
田中修・丹治邦和『かぐわしき植物たちの秘密』山と溪谷社　2021

図版制作・関根美有

田中 修（たなか・おさむ）

1947年（昭和22年）京都に生まれる．京都大学農学部卒業，同大学院博士課程修了．スミソニアン研究所博士研究員，甲南大学理学部教授等を経て，現在，同大学特別客員教授．農学博士．専攻は植物生理学．
著書『ふしぎの植物学』『雑草のはなし』『都会の花と木』『植物はすごい』『植物はすごい 七不思議篇』『植物のひみつ』（中公新書），『日本の花を愛おしむ』（中央公論新社），『クイズ植物入門』『入門たのしい植物学』（講談社ブルーバックス），『フルーツひとつばなし』（講談社現代新書），『葉っぱのふしぎ』『花のふしぎ100』『タネのふしぎ』『植物学「超」入門』『植物の生きる「しくみ」にまつわる66題』（サイエンス・アイ新書），『植物のあっぱれな生き方』『ありがたい植物』『植物はなぜ毒があるのか』（幻冬舎新書），『植物の不思議なパワー』（NHK 出版），『植物のかしこい生き方』（SB 新書），『植物はおいしい』（ちくま新書），『植物は人類最強の相棒である』（PHP 新書）ほか多数．

植物（しょくぶつ）のいのち
中公新書 *2644*

2021年 5 月25日発行

著　者　田中　修
発行者　松田陽三

本文印刷　三晃印刷
カバー印刷　大熊整美堂
製　　本　小泉製本

発行所 中央公論新社
〒100-8152
東京都千代田区大手町 1-7-1
電話　販売 03-5299-1730
　　　編集 03-5299-1830
URL http://www.chuko.co.jp/

Published by CHUOKORON-SHINSHA, INC.
Printed in Japan　ISBN978-4-12-102644-6 C1245